全球生物安全发展报告

（2019年度）

主编 王 磊 张 宏 王 华

科学出版社

北 京

内 容 简 介

本书系统地阐述了2019年度全球生物安全领域发展态势，包括全球生物安全威胁形势、国际生物安全治理与生物军控、生物安全产品研发储备等。同时，对美国《全球卫生安全战略》、生物盾牌计划、全球卫生安全议程及俄罗斯《生物安全法》草案等重要专题内容进行了深入解析。

本书可以为我国从事生物安全管理和研究的各级决策部门、科研院所科技人员、大专院校师生及关注生物安全的社会公众提供参考。

图书在版编目 (CIP) 数据

全球生物安全发展报告. 2019年度 / 王磊, 张宏, 王华主编. —北京：科学出版社, 2020.11

ISBN 978-7-03-066827-1

Ⅰ. ①全… Ⅱ. ①王… ②张… ③王… Ⅲ. ①生物工程－安全管理－研究报告－世界－2019 Ⅳ. ①Q81

中国版本图书馆CIP数据核字(2020)第220563号

责任编辑：盛　立 / 责任校对：张小霞
责任印制：赵　博 / 封面设计：龙　岩

科 学 出 版 社 出版
北京东黄城根北街 16 号
邮政编码：100717
http://www.sciencep.com

北京九天鸿程印刷有限责任公司 印刷
科学出版社发行　各地新华书店经销

*

2020 年 11 月第 一 版　　开本：787×1092　1/16
2020 年 11 月第一次印刷　　印张：10 1/4
字数：249 000

定价：98.00 元
（如有印装质量问题，我社负责调换）

《全球生物安全发展报告（2019年度）》
编 写 人 员

主　　编	王　磊	张　宏	王　华			
副 主 编	张　音	李丽娟	刘　术	陈　婷	王小理	王　燕
编　　者	（按姓氏笔画排序）					
	王　华	王　磊	王　燕	王小理	王仲霞	王金枝
	毛秀秀	生　牲	向小薇	刘　术	刘　伟	李丽娟
	李洪军	李晓倩	杨　霄	肖　尧	辛泽西	宋　蔷
	张　宏	张　音	张永丽	张雪燕	陈　婷	陈新文
	武士华	周　巍	倪晓婷	徐丰果	徐盈娟	郭继卫
	唐　宏	黄　翠	崔　蓓	崔姝琳	梁慧刚	蒋大鹏
	蒋丽勇	管旭舟	薛　杨	魏晓青	魏惠惠	

前　言

　　2019年度，国际生物威胁继续呈多样化态势发展，大国抢占生物技术战略高地，加紧前沿生物技术研发，生物恐怖、实验室泄漏等生物安全威胁仍然存在。埃博拉出血热、登革热、寨卡病毒病、中东呼吸综合征、霍乱等疫情在全球持续，特别是2019年底迅速蔓延的新型冠状病毒肺炎疫情，给全球民众健康及经济社会发展带来巨大影响，凸显了保障生物安全的重要性。美国、俄罗斯先后出台生物安全国家战略和法律法规，各国积极推动生物安全治理和军控履约，生物安全检测诊断和疫苗药物研发等取得积极进展。以全球视野、全局观念、全维视角来梳理分析一年来国际生物安全的发展动态，可为系统了解全球生物安全发展动态提供综合信息，并为提升我国生物安全防御能力提供参考和借鉴。

　　本书聚焦2019年重要生物安全事件，以及美国、俄罗斯、英国等国和联合国等国际组织在生物安全领域的发展趋势和前沿动态，重点关注病原体及两用生物技术等带来的生物安全风险，从威胁形势、安全治理和产品研发等方面进行了系统综述，并针对美国《全球卫生安全战略》、俄罗斯《生物安全法》草案、全球基因编辑技术竞争态势、生物黑客的发展现状、网络生物安全、生物安全领域科技风险等进行了专题分析。希望本书能为从事生物安全领域研究与管理的专家学者，全面系统了解全球发展趋势和前沿动态，提供有益的参考。

　　本书由国内生物安全领域多家单位的专家共同编撰完成。书中内容如有疏漏之处，敬请读者批评指正。

编　者

2020年6月

目　　录

第一篇　领域发展综述

第二篇　专题分析报告

第一篇

1

领域发展综述

第一章

全球生物安全威胁形势

2019年度，新发传染病和传统传染病交替并存，大国抢占生物技术战略高地，加紧前沿生物技术研发，生物战威胁依然存在，生物恐怖、实验室泄漏等非传统生物安全威胁仍然存在。

一、重大传染病疫情

埃博拉出血热、登革热、中东呼吸综合征、霍乱、寨卡病毒病、黄热病、脊髓灰质炎等传染病给各国经济发展、人民健康带来了巨大损失和威胁。面对传染病的全球流行，国际社会高度关注，国际组织与各国积极应对，出台并推行了诸多新的法规、政策和措施等，旨在减轻重大传染病疫情造成的影响。

（一）传染病疫情情况

2019年，多种传染病持续威胁人类安全。刚果（金）东北部的埃博拉出血热疫情从2018年8月起一直持续。全球登革热总体疫情高发。中东地区持续报告中东呼吸综合征病例。非洲和亚洲部分国家霍乱疫情持续。寨卡病毒仍存在传播或输出的潜在风险。野生型和疫苗衍生脊髓灰质炎病毒2型全球传播风险不断增大。印度再次报告尼帕病毒感染病例。全球麻疹疫情攀升。蒙古国和刚果（金）暴发鼠疫疫情。东南亚和南亚部分国家基孔肯亚出血热疫情较去年同期高。西非拉沙热疫情进展迅速。巴西黄热病、尼日利亚猴痘和巴基斯坦广泛耐药性伤寒疫情持续。

1.埃博拉出血热疫情

（1）疫情概况：刚果（金）历史上第十次，发生在东北部的疫情仍然持续，截至2019年12月31日，共报告病例3380例，死亡2232例，病死率为66%。本次疫情中女性占总病例数的56%，18岁以下儿童占28%，医务人员占5%。受影响地区已波及北基伍省、伊图利省和南基伍省，共29个卫生区[1]。2019年7月17日和2019年10月18日，世界卫生组织（简称世卫组织，WHO）宣布刚果（金）暴发的埃博拉出血热疫情为国际关注的突发公共卫生事件。虽然每周上报病例数呈下降趋势，但仍需要谨慎解读。因为

1　Ebola virus disease – Democratic Republic of the Congo[EB/OL]. [2019-12-02]. https://www.who.int/csr/don/02-january-2020-ebola-drc/en/

当地时常发生安全事件，导致疾病防控活动中断。根据以往经验，这种中断将使病例数增加，疫情蔓延至新的地区。

在世卫组织和其他国际组织、非政府组织、基金会等的支持下，刚果（金）卫生部继续采取综合措施应对疫情。截至 2019 年 12 月 22 日，已追踪密切接触者 24.1 万余人，4618 人正接受随访；有 11 个实验室可开展病毒诊断，有 11 个治疗中心和 25 个转运中心；已筛查 1300 万余人；25.9 万余人接种了疫苗[2]。2019 年 9 月 23 日，刚果（金）卫生部宣布，计划从 10 月中旬开始向高危人群提供由美国强生公司生产的第二种埃博拉疫苗，接种策略与正在使用的由美国默克公司提供的疫苗不同，为两剂次接种，间隔 56 天。两种疫苗和接种策略互相补充，为人群提供保护。

2019 年，世卫组织风险评估认为，刚果（金）和非洲区域埃博拉出血热疫情传播风险水平为非常高。乌干达 2019 年报告了 4 例刚果（金）输入病例，但没有续发病例。邻国防控优先级别 1 级的国家有乌干达、布隆迪、卢旺达和南苏丹。采取的措施包括为前线医务人员接种疫苗、入境点筛查、建立快速反应小组等。优先级别 2 级的国家有安哥拉、中非共和国、刚果（布）、坦桑尼亚和赞比亚。

（2）疫情特点与发展态势：刚果（金）东北部的疫情已持续超过 1 年，疫情形势不断变化，疫情中心不断改变，影响范围不断扩大。与以往相比，女性和儿童病例占总病例数的比例较高。疫情中心从人口密度较高的城市地区转向农村地区。同时，跨地区 / 跨境传播风险较高，乌干达已发生 2 次输入疫情，邻近国家和地区正在加快疫情应对的准备工作，并开展监测。

在这次疫情中，安全形势仍是严重影响防控工作开展的重要因素之一。刚果（金）政治局势复杂，每次袭击事件都伴随病例数增加。疫情高发地区，针对医务人员的不安全事件也不断发生。此外，难民数量庞大且不断流动、医疗资源有限、世卫组织应对资金缺乏等情况一直存在，防控工作面临许多不可控因素。尽管世卫组织和合作伙伴不断调整应对策略，努力控制疫情态势，但疫情还将持续。

2. 登革热疫情

（1）疫情概况：2019 年全球登革热总体疫情呈现高发态势。登革病毒提前进入活跃期，且明显高于去年同期水平，尤其是东南亚、南亚和美洲地区，如越南、菲律宾、马来西亚、柬埔寨、泰国、新加坡、老挝、东帝汶、巴基斯坦、马尔代夫和巴西等国家。部分东南亚和南亚国家报告登革热情况见表 1-1[3]。美洲地区截至 2019 年 12 月 21 日共报告病例 3 093 638 例，死亡 1511 例，均超过 2017 年和 2018 年总和。报告病例中 71% 来自巴西[4]。截至 2019 年 12 月 10 日，法属留尼汪已报告病例 18 108 例，其中该岛南部和西

2　Ebola Virus Disease Democratic Republic of Congo: External Situation Report 73 / 2019 [EB/OL].[2019-12-24].https://www.who.int/publications-detail/ebola-virus-disease-democratic-republic-of-congo-external-situation-report-73-2019

3　COMMUNICABLE DISEASE THREATS REPORT CDTR Week 51, 15-21 December 2019[EB/OL].[2019-12-22]. https://www.ecdc.europa.eu/sites/default/files/documents/communicable-disease-threats-report-21-dec-2019-PUBLIC.pdf

4　Reported Cases of Dengue Fever in The Americas [EB/OL].[2019-12-31]. http://www.paho.org/data/index.php/en/mnu-topics/indicadores-dengue-en/dengue-nacional-en/252-dengue-pais-ano-enhtml

部疫情最为严重。西班牙马德里于2019年11月7日报告确诊病例2例，此2例患者为男同性恋者，首例病例有古巴和多米尼加共和国旅行史，第二例与首例通过性接触感染[5]。阿富汗自2019年10月1日至12月4日，报告本地确诊病例7例，均发生于与巴基斯坦接壤地区，这是该国首次报告本地病例[6]。

表1-1　部分东南亚和南亚国家报告登革热情况

国家	统计起止时间	病例数（例）	死亡数（例）	同期比较
菲律宾	2019.1.1 ～ 2019.12.14	420 453	1565	较2018年同期升高78%
越南	2019.1.1 ～ 2019.12.14	320 702	54	较2018年同期升高153%
马来西亚	2019.1.1 ～ 2019.12.21	127 407	176	较2018年同期升高63%
泰国	2019.1.1 ～ 2019.12.9	83 000	126	较2018年同期升高66%
柬埔寨	2019.1.1 ～ 2019.11.16	63 804	—	—
老挝	2019.1.1 ～ 2019.12.7	38 753	70	比历年同期高
新加坡	2019.1.1 ～ 2019.12.31	15 622	—	比2017年和2018年同期高
印度	2019.1.1 ～ 2019.11.30	136 422	—	—
孟加拉国	2019.1.1 ～ 2019.12.14	100 965	—	为2018年同期的7倍
斯里兰卡	2019.1.1 ～ 2019.12.16	90 200	—	较2018年同期升高84%
巴基斯坦	2019.1.1 ～ 2019.12.1	24 488	—	为2018年同期的7.6倍
尼泊尔	2019.1.1 ～ 2019.11.15	14 662	—	—
马尔代夫	2019.1.1 ～ 2019.12.5	4 817	—	—

（2）疫情特点与发展态势：登革热多在热带和亚热带地区流行，2019年主要集中于东南亚、南亚和美洲，且与往年相比，这些地区的疫情提前进入活跃期，大部分国家的报告病例数较去年同期有不同程度升高。美洲地区报告病例大部分来自巴西。我国高发月份的输入病例主要来源于东南亚和南亚国家，其中柬埔寨输入病例占总输入病例的70%，缅甸、泰国、菲律宾、老挝、越南和马来西亚6国共占23%。全球范围内，将持续报告登革热的本地散发病例和本地疫情。如果疫情发生地与他国人员和贸易往来频繁，那么疫情输入他国的风险也将增大。

　3. 中东呼吸综合征疫情

（1）疫情概况：2012年至2019年12月31日，全球报告中东呼吸综合征实验室确诊病例2499例，死亡861例，病死率为34.5%。该病主要发生于中东地区，84%来自沙特阿拉伯。2019年初开始病例数明显增多，之后逐渐下降，超过2018年总病例数。从2019年3月开始，报告病例均来自沙特阿拉伯。2019年10月7日，阿联酋报告1例确诊

5　Dengue fever –Spain[EB/OL].[2019-11-29]. https://www.who.int/csr/don/29-november-2019-dengue-spain/en/

6　Dengue fever – Afghanistan[EB/OL].[2019-12-13]. https://www.who.int/csr/don/13-december-2019-dengue-afghanistan/en/

病例，这是该国自2018年5月以来报告的第1例感染病例[7]。2019年12月，卡塔尔和阿联酋相继报告确诊病例。中东地区特别是沙特阿拉伯持续有散发病例，并有少数小规模家庭密切接触者和医务人员感染病例。

（2）疫情特点与发展态势：全球中东呼吸综合征疫情在2019年初有所上升，后逐步下降，10月和11月新增病例明显增多。中东国家特别是沙特阿拉伯，持续报告聚集性发病和散发病例。总体疫情高于2018年同期水平。中东呼吸综合征冠状病毒已具有人际间传播的能力，但目前观察到的人际间传播主要发生在医疗环境中。中东地区持续报告新增感染病例，以及家庭或医疗机构中的聚集性病例，输入至他国的风险也将持续存在。

4. 寨卡疫情

（1）疫情概况：2015年1月1日至2019年7月2日，全球累计87个国家和地区近期或以前存在寨卡病毒传播，分布在世卫组织6个分区中的4个，即非洲、美洲、东南亚和西太平洋区域，包括柬埔寨、老挝、马来西亚、菲律宾、新加坡、越南、泰国、缅甸、印度尼西亚、孟加拉国、印度和马尔代夫。6个分区中，61个国家和地区存在埃及伊蚊，但没有报告病毒传播病例，我国也在其中。法国10月报告南部瓦尔省耶尔市发现3例本地病例，没有旅行史，均为白纹伊蚊导致的本地传播，这是该国首次报告本地病例[8]。

（2）疫情特点与发展态势：2015年以来，全球经蚊媒传播的本地寨卡疫情主要集中于美洲和加勒比海地区，也包括部分东南亚国家。我国公民经常前往旅行的国家和地区如泰国、新加坡、马来西亚、越南、菲律宾、印度尼西亚、马尔代夫、柬埔寨、老挝等曾有疫情发生。尽管2019年总体报告病例数较2016年大幅回落，但寨卡病毒传播至其他国家的潜在风险仍然存在。一些国家可能已经或曾经发生了病毒传播，但未被发现或报告。所有之前报告有病毒传播的地区都存在重新出现或输入的可能。

5. 霍乱疫情

（1）疫情概况：2019年非洲之角和亚丁湾地区霍乱疫情持续，非洲的东部、中部、南部和西部均遭受影响，包括也门、索马里、苏丹、肯尼亚、乌干达、布隆迪、刚果（金）、坦桑尼亚、莫桑比克、马拉维、赞比亚、津巴布韦、安哥拉、喀麦隆、南苏丹、乍得、尼日利亚、尼日尔和埃塞俄比亚等国。各个国家疫情规模不一，其中也门的疫情最为严重。一些国家疫情持续不断，一些国家结束后又重新暴发[9]。

（2）疫情特点和发展态势：非洲和亚洲地区部分国家的霍乱疫情受安全局势、卫生基础设施、卫生条件、人口流动和人道主义危机等因素的影响较大，预防控制措施不能有效开展。因此这些地区的疫情仍将持续，部分国家疫情暴发的风险较高。

6. 黄热病疫情

（1）疫情概况：黄热病多见于撒哈拉沙漠以南的非洲和中美洲、南美洲热带地区。尼日利亚疫情从2017年9月开始持续，全国都遭受影响。2019年1月1日至2019

7　Middle East respiratory syndrome coronavirus（MERS-CoV）– The United Arab Emirates[EB/OL].[2019-10-31]. https://www.who.int/csr/don/31-october-2019-mers-the-united-arab-emirates/en/

8　Zika virus disease [EB/OL].[2019-11-12].https://www.who.int/emergencies/diseases/zika/en/

9　Cholera-overview[EB/OL].[2019-12-27]. https://www.who.int/health-topics/cholera#tab=tab_1

年12月10日，报告疑似病例4189例，病死率为5.1%[10]。2019年下半年发生的几次暴发进展迅速。该国黄热病传播为高风险，区域传播为中等风险，全球传播为低风险。2019年巴西黄热病疫情较2017年和2018年有明显回落。委内瑞拉于2019年11月13日报告玻利瓦尔州1例确诊病例，患者为46岁男性，这是该国自2005年以来首次确诊的本地病例[11]。

（2）疫情特点与发展态势：黄热病仍然存在国际传播风险。没有接种疫苗且前往流行区的人员返回本国成为输入病例的情况将持续发生。在媒介条件满足疾病传播的地区，应保持高疫苗覆盖率。如果覆盖率不高，出现本地疫情暴发的风险将增大。

7. 脊髓灰质炎疫情

（1）疫情概况：2019年，全球报告野生型脊髓灰质炎病毒1型（WPV1）感染病例156例：阿富汗28例，巴基斯坦128例。其中巴基斯坦病例数为去年的16倍，且疫情蔓延至阿富汗和伊朗。2019年10月24日，世卫组织宣布全球消灭野生型脊髓灰质炎病毒3型（WPV3）。这是继2015年确认消灭脊髓灰质炎病毒2型（WPV2）后，第二个被消灭的脊髓灰质炎病毒株。目前野生型脊髓灰质炎病毒中，仅剩1型未被消灭。2019年，全球17个国家报告疫苗衍生脊髓灰质炎病毒感染病例249例，其中尼日利亚18例（疫苗衍生脊髓灰质炎病毒2型，VDPV2）、尼日尔1例（VDPV2）、刚果（金）63例（VDPV2）、中非共和国17例（VDPV2）、索马里3例（VDPV 2、3、2和3）、安哥拉86例（VDPV2）、埃塞俄比亚5例（VDPV2）、贝宁6例（VDPV2）、加纳11例（VDPV2）、乍得3例（VDPV2）、多哥4例（VDPV2）、赞比亚2例（VDPV2）、中国1例（VDPV2）、缅甸6例（VDPV1）、巴基斯坦12例（VDPV2）、菲律宾10例（VDPV1、2）、马来西亚1例（VDPV1）[12]。尼日利亚的疫情蔓延至尼日尔、加纳、贝宁、多哥、乍得、喀麦隆和科特迪瓦。索马里的疫情蔓延至埃塞俄比亚。马来西亚病例与菲律宾病例有关联。世卫组织明确脊髓灰质炎病毒的全球传播仍是国际关注的突发公共卫生事件。

（2）疫情特点与发展态势：脊髓灰质炎疫情在非洲主要集中在3个区域，即以尼日利亚为主的西非区域、以刚果（金）为主的中非区域及以索马里为主的非洲之角。VDPV2在我国和菲律宾的出现突出了感染风险的全球性质。由巴基斯坦野生型病毒及尼日利亚、刚果（金）和索马里VDPV2引起的全球传播风险不断增大。如果疫苗覆盖率不高，将会有新的国家或地区遭受影响。

8. 其他主要疫情

（1）鼠疫：2019年4月底，蒙古国西部的乌列盖地区报告一对夫妇疑因腺鼠疫死亡。初步检测结果显示，这对夫妇可能因为食用了受感染的土拨鼠后被感染。该国立即采取接触者追踪和隔离等措施。另外，刚果（金）伊图利省在2019年发生几起肺鼠疫和腺鼠疫的聚集性疫情，共报告病例31例，死亡8例，病死率为25.8%。鼠疫自然疫源地分布在亚洲、非洲、美洲的60多个国家和地区。目前流行最广的3个国家是马达加斯

10　Yellow fever – Nigeria [EB/OL].[2019-12-17].https://www.who.int/csr/don/17-december-2019-yellow-fever-nigeria/en/

11　Yellow fever – Bolivarian Republic of Venezuela[EB/OL].[2019-11-21].https://www.who.int/csr/don/21-november-2019-yellow-fever-venezuela/en/

12　Polio Now[EB/OL].[2019-12-29].http://polioeradication.org/polio-today/

加、刚果（金）和秘鲁。

（2）尼帕病毒感染：2019年6月4日，印度报告喀拉拉邦发生1例尼帕病毒感染确诊病例并立即开展流行病学调查、接触者追踪、样本检测等措施。截至6月8日，患者情况稳定，没有新增病例报告。该邦2018年5月发生尼帕病毒感染事件，截至6月2日，报告实验室确诊病例18例，死亡17例。2019年是印度第四次报告尼帕病毒感染，前三次分别为2001年、2007年和2018年。印度具有控制此病疫情的经验和能力[13]。

（3）基孔肯亚出血热：泰国2019年报告病例数明显超过2018年同期水平，截至12月8日，57个省共报告病例10 742例，无死亡病例。泰国疫情持续上升，不断影响其他国家。2019年马来西亚、马尔代夫、新加坡、缅甸等均有报告病例[14]。非洲地区，刚果（金）从2018年9月至2019年5月12日共报告疑似病例1181例，确诊426例，无死亡病例。大部分病例来自金沙萨和中刚果省。刚果（布）于2019年2月9日宣布暴发基孔肯亚出血热疫情。该国疫情发展较快，范围不断扩大，截至2019年8月4日共报告病例11 282例，确诊148例，无死亡病例。美洲地区，巴西病例数也明显高于2018年同期水平。基孔肯亚出血热的国家和区域传播为中等风险，全球传播为低风险[15]。

（4）麻疹：2018年，98个国家和地区的麻疹病例相比2017年有所增加，全球病例比上年增加了48.4%。进入2019年后，全球多地麻疹疫情暴发，报告病例不断攀升，覆盖美洲、欧洲、亚洲和非洲。除了医疗基础设施差、卫生意识薄弱的贫困国家和地区，美国、日本等发达国家也有病例报告。大部分国家病例数远高于既往同期。疫苗接种覆盖率不高是主要原因。在发达国家，由于疫苗安全问题、宗教信仰或价值观等因素，人们经常拒绝接种疫苗[16]。

（5）拉沙热：自2019年初开始，西非尼日利亚、贝宁、多哥、几内亚和利比里亚等多国遭受拉沙热影响。特别是尼日利亚，疫情发展迅速，新增病例急剧增加。2019年前三周确诊病例数已超过往年同期，死亡人数与往年同期相比增多，影响范围不断增大，2019年3月后病例数呈现下降趋势。2019年11月20日至24日，荷兰报告2例塞拉利昂输入病例，死亡1例，死者是在接受手术时感染。接触者追踪涉及的国家有塞拉利昂、荷兰、德国、摩洛哥、丹麦、英国和乌干达等[17]。

（6）猴痘：尼日利亚自2017年9月起一直经历规模较大的猴痘疫情。截至2019年11月30日，报告确诊病例181例，病死率为2.1%。非洲地区受猴痘疫情影响的还有刚果（金）、刚果（布）、中非共和国、喀麦隆等国家。新加坡于2019年5月9日报告1例实验室确诊病例，其为38岁男性，来自尼日利亚，这是该国诊断的首例猴痘病例[18]。

13　Nipah virus infection[EB/OL].[2019-06-29]. https://www.who.int/csr/disease/nipah/en/

14　European Centre for Disease Prevention and Control [EB/OL].[2019-12-10]. https://www.ecdc.europa.eu/en/home

15　Chikungunya – Congo [EB/OL].[2019-05-01]. https://www.who.int/csr/don/01-may-2019-chikungunya-congo/en/

16　Emergencies preparedness, response[EB/OL].[2019-11-20]. https://www.who.int/csr/don/archive/year/2019/en/

17　Lassa Fever – The Netherlands（ex –Sierra Leone）[EB/OL].[2019-11-28]. https://www.who.int/csr/don/27-november-2019-lassa-fever-netherlands_sierra_leone/en/

18　Monkeypox – Singapore [EB/OL].[2019-05-16]. https://www.who.int/csr/don/16-may-2019-monkeypox-singapore/en/

（7）广泛耐药性伤寒：巴基斯坦从2016年11月开始暴发广泛耐药性伤寒疫情。该病对一线抗生素（氯霉素、氨苄西林和甲氧苄啶）、氟喹诺酮类和第三代头孢菌素具有耐药性，对阿奇霉素和碳青霉烯类药物敏感。2019年疫情一直持续，截至8月31日，信德省23个市县共报告病例10 365例，其中卡拉奇市占67%。在此期间，全球报告与巴基斯坦旅行相关病例的国家和地区有美国、加拿大、英国、丹麦、爱尔兰、澳大利亚等国，以及中国的台湾地区[19]。

9. 分析与研判

（1）非洲地区的疫情控制需要全球合作：2019年非洲地区发生多种传染病疫情，如刚果（金）的埃博拉出血热和鼠疫，非洲大多数国家的霍乱，西非国家的拉沙热，以及部分国家的黄热病、基孔肯亚出血热、脊髓灰质炎和猴痘等。其中一些疫情导致的区域传播风险较高。非洲地区多数国家普遍存在卫生基础设施不足、卫生条件较差，长期面临人道主义危机等问题，有的国家安全局势复杂严峻，这些因素导致疫情无法得到有效控制。需要全球加强合作，特别需要国际组织在资金、技术、人员、物资和健康教育等多方面给予支持，共同控制非洲疫情蔓延，降低全球传播风险。

（2）加强东南亚和南亚地区的蚊媒传染病疫情监控：2019年，东南亚和南亚地区登革热总体疫情高发；部分国家基孔肯亚出血热疫情较去年同期严重；柬埔寨、老挝、马来西亚、菲律宾、新加坡、越南、泰国、缅甸、印度尼西亚、孟加拉国、印度和马尔代夫存在寨卡病毒传播。上述国家是我国近邻，以上形势直接导致疫情输入我国的压力进一步增大，如2019年报告的登革热和基孔肯亚出血热输入病例均明显增多。因此需要密切关注东南亚和南亚地区疫情态势，高度重视疫情风险，加强组织领导，及时开展风险评估和风险沟通，进一步加强媒介监测，特别是跨境地区和人口流动频繁的地区。

（3）中东呼吸综合征和寨卡病毒病疫情需要长期关注：2019年中东呼吸综合征和寨卡病毒病疫情持续。中东地区尤其是沙特阿拉伯，持续报告散发病例和聚集性病例。寨卡病毒目前已经在87个国家和地区发生传播，每年都会暴发疫情。根据目前形势，中东呼吸综合征和寨卡病毒感染的本地病例将被持续报告，病毒传播至他国的潜在风险仍然存在，需要长期追踪并持续关注。

（4）疫苗接种需要被重新重视：2019年麻疹疫情和脊髓灰质炎疫情在全球范围内蔓延，非洲之角和亚丁湾地区霍乱疫情仍然持续，主要原因是疫苗覆盖率不足。疫苗接种的问题需要被重新重视。麻疹疫情在美国、日本等发达国家暴发，主要因为一部分人出于安全、宗教、价值观等理由拒绝接种疫苗；非洲国家的疫苗覆盖率低则主要是因为没有条件接种。保持人群高疫苗覆盖率仍是疫情应对的关键。

（5）部分国家疫情不容忽视：印度于2018年和2019年连续两年报告尼帕病毒感染病例。虽然印度立即将其控制在局部范围内，没有造成进一步传播，但未来是否还会发生局部暴发或疫情扩散需要密切关注。蒙古国于2019年4月底发现鼠疫病例，不排除输入我国的可能性。尼日利亚自2017年9月一直经历规模较大的猴痘疫情，其间陆续有国家报告尼日利亚输入病例，其中英国和新加坡为各自国家首次报告病例。以上疫情给我

19　European Centre for Disease Prevention and Control [EB/OL].[2019-09-19]. https://www.ecdc.europa.eu/en/home

国乃至全球带来的安全风险不容忽视。

（二）全球积极应对新发突发传染病

面对传染病的全球流行，国际组织多次呼吁警惕其风险，英国、美国等国制定了一些新的相关政策法案，专家提出了应对传染病暴发的关键问题和措施。

1. 国际组织多次呼吁警惕全球传染病风险[20]

一个由世卫组织和世界银行主持，由15个政治领导者、机构负责人及专家组成的全球应急准备监测委员会（Global Preparedness Monitoring Board，GPMB）于2019年9月18日发布报告称，随着长期武装冲突和强迫移民现象在世界范围内越来越普遍，像埃博拉出血热、严重急性呼吸综合征（SARS）和流感等易于流行的病毒性疾病变得越来越难以控制，除了高病死率外，这种大流行还可能引起恐慌、破坏国家安全并严重影响全球经济和贸易。报告呼吁政府、媒体及公共卫生从业者警惕公众信任危机，因为如果发生大流行，公众信任崩溃将严重威胁政府和公共卫生工作者应对危机的有效性。

2019年9月18日，由世卫组织的专家小组发布了一份报告，呼吁警惕下一种可使5000万～8000万人致命的呼吸道病原体。报告指出，潜在的大流行可能造成5000万～8000万人死亡，全球经济损失达5%，并且随着全球联系的日益紧密，这种病原体可能会在36～50小时传播至全球。该报告还列出了全球范围内各种可能引发全球大流行的疾病，这些疾病被分为"新发"和"再发"两种。前者包括埃博拉出血热、寨卡病毒病和尼帕病毒病等；后者包括西尼罗病毒病、麻疹、脊髓灰质炎、黄热病、登革热、鼠疫和猴痘等。美国流行病防范创新联盟（CEPI）首席执行官Richard Hatchett表示，可以肯定另一种流行病即将到来，需要为此做好准备，开发可用于快速响应的平台技术。

2. 美国出台新法案加强传染病防控

美国传染病学会（IDSA）关注重大传染病应对需求，于2019年9月19日发布声明称，参议院拨款委员会发布了一项新法案[21]。该法案认识到了一些威胁国内外个人和公共健康的最紧迫的挑战，但仍缺乏有效应对威胁所必需的全面承诺。法案强调美国将继续在全球抗击传染病暴发方面发挥关键作用，并为美国疾病控制与预防中心全球健康中心提供5.95亿美元的拨款。随着联邦资助进程的推进，IDSA将继续敦促美国疾病控制与预防中心、国际开发署和国防部全力控制当前埃博拉出血热疫情，消除国内外艾滋病的威胁，检测和应对其他来源的传染病，解决国内外抗生素耐药性问题。

20　World Unprepared for Pandemic: WHO [EB/OL]. [2019-10-20]. http://www.homelandsecuritynewswire.com/dr20190918-world-unprepared-for-pandemic-who

21　Senate Subcommittees Takes Important Step Toward Ending HIV While Resources to Address Concurrent Epidemics, Housing Remain Critical, but Unaddressed [EB/OL]. [2019-09-19]. https://www.hivma.org/news_and_publications/hivma_news_releases/2019/senate-subcommittees-takes-important-step-toward-ending-hiv-while-resources-to-address-concurrent-epidemics-housing-remain-critical-but-unaddressed/?_ga=2.88038032.983293508.1592190910-561184922.1592190910

3.英国公共卫生部发布传染病新战略

2019年9月，英国公共卫生部（Public Health England，PHE）发布了一项传染病新5年战略[22]，旨在应对不断严峻的抗生素耐药性危机，防止疫苗可预防疾病的再次出现及新型病原体在全球的传播。新战略主要解决6个问题：预防与保护、检测与控制、准备与响应、构建与应用、建议与协作、生成与共享。在此框架下共有10个优先事项，包括减少疫苗可预防的疾病的发生，成为抗击抗生素耐药性、增强传染病监测能力的全球领导者等。PHE希望通过改进现有疫苗的使用、加快新疫苗的研发，减少疫苗可预防疾病。PHE还推出了"疫苗价值"社交媒体活动，以帮助保持公众对疫苗接种的信任。针对抗生素耐药性，新战略提出要将国家卫生服务部门的抗生素使用减少15%，开发预防细菌感染的新型干预措施，改善感染控制及提高公众对滥用抗生素危害的认识等。此外，PHE还将优化控制疾病暴发、改善细菌感染诊断治疗的新技术，包括全基因组测序技术。

4.英国专家提出应对伤寒的关键问题和措施

Homeland Security Newswire网站于2019年11月12日报道，英国牛津大学马丁学院的临床传染病专家表示，无法治愈的伤寒毒株的出现可能引发一场新的全球卫生紧急事件，需要紧急采取集体行动[23]。

据统计，全球目前每年仍有至少1100万人感染伤寒，实际数字可能高达1800万。专家表示，在许多高收入国家消灭伤寒之后，该病也逐渐被不发达国家忽视。抗生素耐药性问题的日趋严重和巴基斯坦长期广泛存在的耐药菌疫情，给国际社会敲响了警钟。因此全球卫生机构应投入新的资源来应对伤寒。

新疫苗为控制伤寒带来了希望，但是仅凭一种干预措施不足以消除这种疾病。包括历史学家、免疫学家和社会科学家在内的研究人员提出，在全球范围内消除伤寒的关键问题和措施如下：①伤寒仍然是一个主要的全球卫生问题，但在很大程度上尚未得到认识，原因包括监测不力和该病的复杂动态（包括新的耐药菌株）等因素。②根据英国和美国的经验，在市政一级为价格实惠的供水和卫生系统提供廉价信贷和可持续融资计划，可在控制伤寒中发挥重要作用。③有必要将自上而下的国家主导项目与更强调自下而上的方法结合起来，以使市政机构能够开发、调整并拥有适合当地需求的供水、卫生设施和卫生保健系统。④缺乏国际资金阻碍了欠发达国家卫生和保健基础设施的普及，这些基础设施已证明会在消除伤寒方面发挥重要作用。同时，较富裕、无伤寒国家的重点应放在保护旅客和防止伤寒跨越国界传播方面。⑤全球对伤寒采取的零散行动和大量使用抗生素以弥补薄弱的供水和卫生保健系统，加剧了低收入和中等收入国家的抗生素耐药性。⑥伤寒控制方面的进展将取决于对流行国家改善水质的独立研究和政策决策的支持。⑦最近出现的新一代伤寒结合疫苗也可用于2岁以下儿童，在为那些面临最大风险的人们提供洁净水和卫生设施之前，也可以发挥重要作用。

22　UK health officials launch new infectious disease strategy[EB/OL]. [2019-09-12]. https://www.cidrap.umn.edu/news-perspective/2019/09/uk-health-officials-launch-new-infectious-disease-strategy

23　Typhoid: Neglect Outside Rich Countries Threatens New Global Health Emergency [EB/OL]. [2019-11-12]. http://cncc.bingj.com/cache.aspx?q=Homeland+security+newswire+typhoid+conjugate+vaccine%EF%BC%8CCTCV&d=4556049891724048&mkt=en-US&setlang=en-US&w=EcqwlhTOorsX2innZZJGX2GOguQmms3c

二、生物恐怖袭击

2019年，全球未发生故意使用致病性微生物、毒素等实施恐怖袭击的严重事件，但国际社会仍高度关注潜在的生物恐怖威胁。尤其是美国，采取了多项措施防止生物恐怖袭击事件发生。此外，黑客窃取生物安全相关数据事件多次发生，引发了人们的强烈担忧。

（一）美国重视防范生物恐怖袭击事件

美国历来重视防范生物恐怖袭击事件发生，2019年尤其关注生物黑客、私人拥有生物剂和生物毒素，以及食品和饮用水等生物防御系统薄弱环节，专家学者呼吁加强监管，美国众议院出台了相关法案。此外，在防范生物恐怖袭击方面也加强了国际合作。

1. 美国专家呼吁社区与机构共同监管生物黑客实验[24]

2019年9月19日，福布斯（Forbes）网站发表了美国科技伦理专家撰写的一篇评论文章，探讨生物黑客相关的监管问题。文章认为，随着基因编辑技术的发展，基因修饰已不再局限于大学实验室，任何想在自己车库或家庭实验室中修改基因组的人都可以用不到200美元的价格购买DIY CRISPR试剂盒，进行小到操纵细菌和酵母的基因、大到修饰自我基因的实验。这样的生物黑客正越来越普遍。尽管并非所有生物黑客都是不负责任的，但由于缺乏监管，一些人担心生物黑客会带来严重问题，如释放基因改造生物武器或将经过修饰的基因代代遗传。

文章指出，DIY CRISPR试剂盒属于美国食品药品监督管理局（FDA）的管辖范围，但到目前为止，美国FDA尚未针对生物黑客制定任何标准。希望监管机构能够与生物黑客社区达成真正意义上的良性互动，共同致力于该领域的监管工作。

2. 美国众议院出台法案禁止私人拥有生物剂和生物毒素[25]

Homeland Preparedness News网站于2019年6月17日报道，为解决日益严重的生物恐怖主义威胁，美国众议院司法委员会批准了一项法案，将个人私自拥有某些致命物质定为刑事犯罪，填补了美国联邦法律在这方面的漏洞。该法案名为《有效检控持有生物毒素及生物剂法案—2019》（Effective Prosecution of Possession of Biological Toxins and Agents Act of 2019）。法案规定了将公民个人进行的州与州间或国际的生物剂或生物毒素的运输、传播、拥有或接收行为定义为犯罪行为，并明确了生物剂和生物毒素的范围为《公共卫生服务法》（Public Health Service Act）中包含的清单。这份清单由美国卫生与公共服务部依据生物剂对健康的影响、传染性及治疗难易程度而确定，目前包括了67种生物剂和生物毒素。

---

24 Yes, People Can Edit The Genome In Their Garage. Can They Be Regulated? [EB/OL]. [2019-09-19]. https://www.forbes.com/sites/fernandezelizabeth/2019/09/19/yes-people-can-edit-the-genome-in-their-garage-can-they-be-regulated/#4a086683768b

25 Bioterrorism combating measure advances House Judiciary Committee [EB/OL]. [2019-06-17]. https://homelandprepnews.com/stories/34389-bioterrorism-combating-measure-advances-house-judiciary-committee/

3.美国专家称食品和饮用水或成为美国生物防御系统的薄弱环节[26]

美国圣路易斯大学法学院卫生法研究中心的Ana Santos Rutschman指出，食品和饮用水或成为美国生物防御系统的薄弱环节。她表示，专家证实美国的生物防御系统已经过时了十多年，这可能会引发人们对致病微生物或病原体（如埃博拉病毒或炭疽杆菌）武器化的担忧。但是被污染的食物和水或许也将会成为生物恐怖袭击的重要工具。

Ana Santos Rutschman认为，美国面临着恐怖主义袭击的风险，炭疽杆菌或天花病毒等病原体仍然是与生物恐怖袭击有关的最令人恐惧的因素之一。尽管对大多数人和机构来说，获取这些病原体的样本极其困难，但如果这些病原体处理不当或落入图谋不轨的人手中，它们可能会对公共卫生造成毁灭性打击。同时，一些平常可能污染食品和饮用水的细菌也可被用于发动生物恐怖袭击，如沙门菌。而美国本土最大规模的生物恐怖袭击正是由沙门菌引发的。

美国应对生物恐怖袭击的准备不足，主要表现在以下两个方面。一是自2003年以来，美国一直依赖于监测和预警主要城市地区的生物侦测（BioWatch）项目。该项目被认为过时了十多年，现正在被逐步淘汰。其替代项目"生物检测21"（BioDetection 21）于2019年初被公布，但目前认为其用来检测病原体的新传感器技术尚不可靠，经常会产生假阳性，并且识别生物威胁的时间往往过长。二是在应对威胁方面，美国联邦机构和地方社区之间严重缺乏协调性。

4.美国加强同亚美尼亚在生物恐怖主义调查方面的合作[27]

2019年11月15日，美国国防威胁降低局为亚美尼亚官员提供了为期5天的国际生物恐怖主义调查课程。参加课程的24名亚美尼亚官员来自食品药品管理局、国家安全局、卫生部、经济部、紧急情况部及国家税收委员会等。

该课程介绍了如何防范、降低生物恐怖主义风险和威胁，如何调查和制止大规模杀伤性武器的非法贩运等。另外还依据生物剂扩散等情景和案例进行了联合演习。

亚美尼亚方面表示，该课程提供了一个极好的机会，使得各机构可以在生物恐怖主义威胁等方面交流应对经验和方法，提高亚美尼亚在预防、调查、遏制生物和化学武器事件方面的能力。

（二）黑客窃取生物安全相关数据

与炭疽邮件、蓖麻毒素炸弹等传统生物恐怖袭击事件相比，黑客窃取生物安全数据成为2019年各国关注的新重点。美国、加拿大等已经曝出多个相关事件，虽然没有立即造成严重后果，引发社会恐慌，但专家呼吁仍需对此保持警惕并严密防范。

26　Salad bars and water systems are easy targets for bioterrorists – and America's monitoring system is woefully inadequate [EB/OL]. [2019-11-07]. https://www.statesman.com/zz/news/20191107/salad-bars-and-water-systems-are-easy-targets-for-bioterrorists---and-americas-monitoring-system-is-woefully-inadequate

27　U.S.-Armenia Enhance Cooperation on Bio-terrorism Investigation [EB/OL]. [2019-11-15]. https://massispost.com/2019/11/u-s-armenia-enhance-cooperation-on-bio-terrorism-investigation/

1. 美国生物恐怖主义防御计划敏感数据或遭黑客窃取[28]

美国国土安全部（DHS）在过去十年间将生物侦测（BioWatch）项目的敏感数据存储于私人承包商运营的（dot-org）网站上。2019年8月25日，该网站被发现存在高风险漏洞和弱加密等问题，或已遭黑客攻击。BioWatch项目数据包括部分空气采样器的位置、病原体测试结果、可检测的生物剂清单及发生袭击时的应对计划等敏感数据。其中，空气采样器安装在美国30多个城市的地铁站和其他公共场所，旨在检测炭疽杆菌或其他空气传播的生物武器。随后，美国DHS将BioWatch项目数据转移到美国联邦政府防火墙内储存，并关闭dot-org网站。

2. 黑客窃取加拿大实验室约1500万患者的数据[29]

加拿大最大的专业实验室检测服务提供商称，该公司向黑客支付了一笔数目不详的款项，以换取他们归还窃取的多达1500万患者的个人数据。总部位于加拿大安大略省多伦多市的LifeLabs于11月1日向加拿大当局通报了该起袭击事件。该公司表示，一次网络攻击袭击了为大约1500万患者存储数据的计算机系统。被盗信息包括患者信息和实验室测试数据。

3. 美国专家呼吁谨防黑客窃取敏感医疗信息

据美国Homeland Security News Wire网站报道，一项新的研究表明，约1.69亿人的个人信息数据因医院违规而被黑客窃取；有超过20起违规事件泄露了敏感的健康信息和财务信息，影响波及200万人，这为人们敲响了警钟。研究人员建议，卫生部门和其他监管机构应收集易被泄露的信息类型，帮助公众评估潜在风险。医院和其他医疗保健提供者也应集中精力保护信息，采用单独的系统来存储和传递敏感的人口数据，有效降低数据泄露风险[30]。

（三）澳大利亚专家提出应警惕天花生物恐怖袭击[31]

2019年2月21日，澳大利亚的科学家们开展了一项复杂的国际模拟研究。利用天花传染的数学模型，模拟了最坏情况下的大规模生物恐怖袭击，提出应警惕天花生物恐怖袭击。具体研究过程如下。

模拟情景始于斐济。第一例出血性天花发生在斐济的一家私立医院，但由于临床医生不熟悉该病而被遗漏，直到卫生和医疗服务部收到被多个病例报告才确定天花暴发。利用流行病预测模型，假设的疫情蔓延到200人时，病死率约为40%，当地卫生系统不堪重负，媒体报道引发了大规模恐慌。世卫组织随后宣布紧急情况并开始部署疫苗接

28　Homeland Security watchdog investigates whistleblower complaint over lapses in bioterrorism program [EB/OL]. [2019-11-26]. https://www.latimes.com/politics/story/2019-11-26/homeland-securitys-inspector-general-to-investigate-whistleblower-reprisal-complaint

29　'We're sorry': 15M LifeLabs customers may have had data breached in cyberattack[EB/OL]. [2019-12-17]. https://www.ctvnews.ca/health/we-re-sorry-15m-lifelabs-customers-may-have-had-data-breached-in-cyberattack-1.4733963

30　What Data Hackers Can Get about You from Hospitals[EB/OL]. [2019-09-25]. http://www.homelandsecuritynewswire.com/dr20190925-what-data-hackers-can-get-about-you-from-hospitals

31　Chilling New Research Shows How Dire a Smallpox Bioterror Attack Could Actually Get [EB/OL]. [2019-02-21]. https://www.sciencealert.com/this-is-how-bad-a-worst-case-smallpox-bioterror-attack-could-actually-get

种，而国际刑警组织将疫情确定为生物恐怖袭击。机场和港口开始关闭，但有2000多例病例已经死亡，其中包括医护人员。然后，随着32 000剂疫苗到达斐济，在亚洲另一个面积更大、人口更多的国家发生了更大规模的袭击。

模拟研究显示，最糟糕的情况是，在全球天花流行高峰期，只有50%的病例被隔离，只有50%的接触者被跟踪和接种疫苗。在这些条件下，需要超过10亿剂疫苗和10年的时间才能使疫情结束。研究人员认为，在天花疫情的最后阶段，劳动力将大量减少，导致关键基础设施、交通、电力、通信和食品供应受到损害，以及民众对政府的信任消失。

三、生物战威胁

生物战是指以生物武器为主要攻击手段的战争行为。俄罗斯多次指控美国在格鲁吉亚建立"生物武器实验室"属于违反《禁止生物武器公约》的行为。2019年，朝鲜官方媒体公开谴责美国持续推动针对朝鲜的"生化战争"并且针对朝鲜进行各种战争演习。此外，美国、澳大利亚的学者开始关注国家农业生物威胁及生殖基因组编辑对生物战的影响。

（一）俄罗斯持续谴责美国在全球部署生物实验室

据俄罗斯国防部网站2019年4月29日报道，俄罗斯国防部长绍伊古指责美军在上海合作组织多个成员国开展的生物计划违反了国际准则[32]。当日在吉尔吉斯斯坦共和国比什凯克举行的上海合作组织成员国第十六次国防部长会议上，绍伊古指出，在美国国防部的控制下，美国在全球部署了一系列生物实验室，其中多个位于上海合作组织的成员国。这些实验室正在开展具有军事性质的生物计划，并且引进了允许远程控制病原微生物研究过程的软件系统。

俄罗斯认为，美军在上海合作组织成员国内的这些实验室选址不是偶然的，很多都靠近俄罗斯领土，对俄罗斯构成持续生物威胁。美国国防部在这些实验室开展的生物计划与《禁止生物武器公约》直接相违背。绍伊古呼吁关注美军在上海合作组织成员国开展医疗和生物活动的后果，提议在上海合作组织内就此议题进行磋商，并从人道主义出发解决这一问题。

（二）朝鲜谴责美国对其的"生化战争计划"[33]

朝鲜官方媒体中央通讯社（朝中社）于2019年3月27日谴责美国持续准备针对平壤的"生化战争"。美国总统特朗普和朝鲜领导人金正恩于2019年2月在越南河内举行了第二次峰会，但没有达成任何协议，随后美国和朝鲜之间的无核化谈判陷入僵局。朝中社称，美国国防部增加了2019年驻韩美军联合门户集成威胁识别（JUPITR）项目的

32　Министер СТВО обороны России указал на нарушение международных норм биологическими программами Пентагона в лабораториях государств - членов ШОС [EB/OL].[2019-04-29].https://function.mil.ru/news_page/country/more.htm?id=12228566@egNews

33　N. Korea slams Washington for 'persistent biochemical war plan' against Pyongyang [EB/OL]. [2019-03-27]. https://en.yna.co.kr/view/AEN20190327008500325

预算。该项目由美国化学与生物防御联合计划执行办公室（JPEO）负责管理，美国陆军埃奇伍德化学生物中心（ECBC）负责提供技术支持，通过引入新的仪器设备，为驻韩美军提供独特的生物检测能力。

JUPITR项目的内容是在韩国进行"针对"朝鲜的生物防御测试，朝方称其为一项"生化战争计划"。据朝中社报道，朝鲜政府机关报《民主朝鲜》在一篇评论文章中表示，JUPITR项目使韩国成为生化战争的"大试验场"，并给朝鲜人民带来灾难，更令人不安的是，尽管朝鲜半岛存在和解情绪，但美国仍在推动"生化战争计划"及针对朝鲜的各种战争演习，加剧朝鲜半岛紧张局势。

（三）澳大利亚学者认为生殖基因组编辑可能引发基因战军备竞赛[34]

《全球生物安全》（*Global Biosecurity*）2019年第1期刊登了题为"生殖基因组编辑与核化生力量平衡中正在出现的优势争夺斗争"的论文，作者是澳大利亚新南威尔士大学公共卫生学院的副教授大卫·詹姆斯·赫斯洛普（David James Heslop）等，赫斯洛普同时担任澳大利亚国防军的高级卫生顾问。该文章主要观点如下。

1. 引发基因战军备竞赛

生殖基因组编辑对未来军事能力和作战影响的潜在优势和缺点尚未得到严肃探讨。基因组编辑为创建优势军事能力群体和进行有选择的修饰打开了大门。"贺建奎基因编辑婴儿事件"预示了未来基因战的前景。在大国竞争和强权政治的背景下，基因编辑可立即实现人体优势的技术诱惑太大。军备竞赛的发展表明人们将力图弥补基因战能力的差距。基因工程提供了许多潜在的军事能力优势，但需要对军队体制、训练和道德规范实施大的变革。

2. 对盟军产生影响

出于军事目的的修饰人类种系，很可能会克服人体的功能局限，带来巨大的军事优势。改变或增强假胆碱酯酶基因，可产生对神经毒剂中毒有很强抵抗力的个体，对于预防有机磷神经毒剂中毒具有重要意义。对各种植物和细菌毒素（如蓖麻毒素、相思豆毒素、葡萄球菌肠毒素B、肉毒毒素）的目标蛋白进行类似修饰，可以改变人体对其的防护能力及适应能力，还可以优化人体对于急性辐射等环境应激源的抵御耐受能力，减少人体对营养的需求，优化生理体能等。例如，可通过种系修饰选择性地引入高性能血红蛋白或血液系统上游调节剂，或在受孕之前引入改变人体耐力和力量的优势基因序列。认知、注意力、疼痛耐受性、创造力和更理想的个性特征都将成为未来基因编辑的可能目标。最后，将人体与其他非自然物体（如集成脑机接口）整合在一起是未来军事能力发展的重要技术途径。

3. 对敌军产生影响

毋庸置疑，基因组编辑技术还可以对敌军产生严重危害。这项技术有可能在目标人

34　Germ line genome editing and the emerging struggle for supremacy in the Chemical, Biological and Radiological (CBR) balance of power [EB/OL]. [2019-02-14].https://jglobalbiosecurity.com/article/10.31646/gbio.18/

群基因组中插入"卧底"机制，并通过人为控制激活条件产生有害影响。例如，对人体环境应激耐受力进行细微修改，降低感染耐受力或干扰免疫力，以及降低认知或行为效应等。同时，该技术也可以在生物体或人体中发展新的特征以实现军事目的。在战略层面，可将生态弱点引入目标人群，通过逐渐减少遗传多样性或导入性能较低的基因，降低他们适应环境变化与应激的能力，改变生育率和生存率等。目前引发人们关注的主要是，恶意行为体使用基因组编辑技术干涉他人的能力几乎是无限的，并且难以识别、证明或应对。鉴于人类固有的野心、贪婪和好斗性，基因组编辑可能导致的大多数负面情况似乎将不可避免地出现或可能已经开始显现。

4. 未来发展趋势

在军事领域，战略力量保持平衡的逻辑决定了可能出现基因战军备竞赛，所有大国都会以某种形式参与。这种情况将使敏感脆弱的全球力量平衡进一步复杂化，给未来战略演变带来不确定性，产生严重负面影响。

四、生物技术谬用与误用

生物技术谬用与误用是指人为故意或非故意获得具有高致病性、高传染性、隐蔽性、特定人群靶向性和环境抵抗性等一种或多种特点的病原体的行为。2019年，在基因编辑技术领域，研究人员研发出新型基因编辑工具，使得基因编辑技术更加高效和可控。并且随着基因编辑技术不断发展，越来越多的科研人员利用基因组编辑技术开展临床研究。在合成生物学领域，科学家构建出由人工创造的核苷酸组成的DNA，利用实验室合成的基因组替换了大肠杆菌的基因，人工合成埃博拉病毒等。在获得性功能研究方面，美国重启了2014年暂停的禽流感病毒功能获得性研究。在技术监管方面，美国、澳大利亚等国出台基因编辑相关法律，俄罗斯启动基因编辑计划，显示了各自对基因编辑的立场与态度。世卫组织也成立人类基因组编辑治理监督委员会，以加强对人类基因组编辑的监管。

（一）基因编辑技术重大事件或研究进展

1. 美国张锋团队成功开发"新款"基因剪刀

2019年1月22日，美国麻省理工学院－哈佛大学博德研究所张锋团队在《自然·通讯》发表论文，报道了第三个可以编辑人类细胞基因组的CRISPR-Cas系统[35]。

Cas9并非Cas蛋白家族中唯一一种RNA导向的核酸酶（即一种能切割DNA的酶）。除了Cas9之外，研究人员还发现了Cas12a和Cas12b。Cas12a已被开发成基因组编辑工具，而Cas12b尚未被完全开发，这其中至少有一部分原因是其嗜高温的特性。张锋团队对Cas12b重新进行了设计，增强其在人体体温（37℃）条件下的活性。与Cas9相比，重新设计的Cas12b在细胞培养实验中对靶序列具有更高的特异性。

35　Strecker, J, Jones S, Koopal B, et al. Engineering of CRISPR-Cas12b for human genome editing[J]. Nature Communications,2019, 10(1): 641. doi:10.1038/s41467-018-08224-4

　　研究人员表示，想要将Cas12b改造成和Cas9一样应用广泛的工具，目前还有很多工作要做，但第三个潜在基因组编辑系统的出现，将会给全世界研究人员提供更多选择。

　　2.美国科学家发现新型的CRISPR基因编辑工具CasX

　　2019年2月，一项发表在《自然》上的研究报告显示，美国加州大学伯克利分校的科学家们发现了一种新的小型CRISPR基因编辑工具CasX，其与蛋白Cas9较为相似，但比Cas9小很多[36]。

　　实际上，CasX是细菌和人类细胞中一种潜在的有效基因编辑工具，似乎是在细菌中进化出的独立于其他Cas蛋白的一种特殊蛋白。CasX能够切割双链DNA，结合DNA并调节基因的表达，同时还能靶向作用特殊的DNA序列。由于CasX来自细菌细胞，因此相比Cas9而言，人类机体免疫系统或许能够更加容易地接纳CasX。该研究中，研究者利用冷冻电子显微镜捕捉到了CasX蛋白在基因编辑过程中的快照图像。基于蛋白质的特殊分子组成和形状，可判断CasX的进化独立于Cas9，两者并无共同祖先。研究者表示，首先需要指出的是这些高度特异性的结构域是如何完成类似于他们在其他RNA引导的DNA结合蛋白中所观察到的作用，CasX的最小尺寸有助于展示其在自然界中使用的基本"配方"，而理解这种"配方"则能够帮助开发有用的基因编辑工具。

　　3.中国科研人员开发出新型"基因剪刀"载体，可实现基因编辑可控

　　2019年4月6日，来自南京大学、厦门大学和南京工业大学的科研人员在美国《科学进展》杂志上发表论文称，他们开发出一种"基因剪刀"工具的新型载体，其可实现基因编辑可控，在癌症等重大疾病治疗中应用前景广阔[37]。新方法采用了一种名叫"上转换纳米粒子"的非病毒载体，这些被"锁"在"基因剪刀"CRISPR-Cas9系统上的纳米粒子可被细胞大量内吞。由于这些纳米粒子具有光催化性，在无创的近红外光照射下，纳米粒子可发射出紫外光，打开纳米粒子和Cas9蛋白之间的"锁"，使Cas9蛋白进入细胞核，从而实现精准的基因剪切。这种方法的有效性已在体外细胞和小鼠活体肿瘤实验中得到验证。

　　基因编辑技术脱靶效应一直是阻碍其应用的关键障碍之一。新型载体的开发有望突破这一瓶颈，推动基因编辑技术在疾病治疗中的应用。此外，红外光具有强大的组织穿透性，这为在人体深层组织中安全、精准地应用基因编辑技术提供可能。

　　4.美国哈佛医学院发现新分子可阻断基因编辑进程

　　美国哈佛医学院Choudhary研究团队于2019年5月2日在《细胞》发表论文称，他们首次发现化脓性链球菌Cas9（SpCas9）蛋白的小分子抑制剂可以更精确地控制基于CRISPR-Cas9系统的基因组编辑[38]。这意味着科学家或将获得可控制基因编辑的"开

36　CasX enzymes comprise a distinct family of RNA-guided genome editors [EB/OL]. [2019-02-04].https://www.nature.com/articles/s41586-019-0908-x

37　Pan YC, Yang JJ, Luan XW, et al. Near-infrared upconversion-activated CRISPR-Cas9 system: A remote-controlled gene editing platform[J]. Science Advances, 2019,5(4):339. doi:10.1126/sciadv.aav7199

38　Maji B, Gangopadhyay S, Lee M, et al. A High-Throughput Platform to Identify Small-Molecule Inhibitors of CRISPR-Cas9[J]. Cell, 2019, 177(4): 1067-1079.doi:10.1016/j.cell.2019.04.009

关"，即使未来基因编辑技术被制成生物武器，科学家也能够及时"关闭"基因编辑进程。

相比针对CRISPR技术本身的研究，关于如何抵抗、停止CRISPR进程的研究要少得多。但是目前已经有超过40个反CRISPR分子被发现。此次新发现的这两个分子的意义在于，它们比之前发现的那些分子都小，更小的抑制剂能够在引发免疫反应之前更快起效，从而达到"关闭开关"的作用。目前研究仍处于非常早期的阶段，下一阶段，Choudhary及其团队将研究这两个分子如何抑制CRISPR活动，并验证具体的抑制过程在生物体中是否安全。

5. 美国最新研究表明"基因编辑婴儿"或面临早期死亡风险

2019年6月4日，美国加州大学伯克利分校研究人员发表于《自然·医学》的一项最新研究显示，贺建奎所编辑的*CCR5*基因突变与其他原因（包括流感）导致的过早死亡风险增加有关，即基因编辑实验的贸然开展可能在无意中缩短了实验中双胞胎婴儿的预期寿命[39]。

该研究的作者魏馨竹及Rasmus Nielsen研究了英国Biobank的40多万个基因组记录。结果显示，拥有两个*CCR5*基因突变副本的人在76岁之前死亡的可能性比只有一个*CCR5*基因突变副本或没有*CCR5*基因突变副本的人高出21%。

虽然知道这种特殊的基因突变会导致更高的病死率，但目前还不清楚为什么这些突变群体会进化并保存下来。这种*CCR5*突变在北欧人中自然存在，在亚洲人中很少见到。然而，论文作者认为，这种突变几乎没有什么好处，而且还有其他潜在危害。

6. 俄罗斯分子生物学家拟制造更多基因编辑婴儿

根据《自然》网站2019年6月10日报道，俄罗斯分子生物学家丹尼斯·瑞布里科夫（Denis Rebrikov）计划制造更多的基因编辑婴儿[40]。瑞布里科夫表示，如获得俄罗斯政府批准，他可能会在年底前将基因编辑胚胎植入女性体内。与贺建奎有关人类胚胎基因编辑情况相似，瑞布里科夫也将对*CCR5*基因进行编辑。

人类基因组编辑国际咨询委员会联合主席玛格丽特·哈姆伯格（Margaret Hamburg）及美国国家医学院院长维克多·曹（Victor Dzau）在接受采访时表示，他们对瑞布里科夫的计划深感忧虑。时任美国FDA局长哈姆伯格认为，世卫组织及相关监管方应及时制定人类基因组编辑的监管框架。目前许多国家禁止植入基因编辑胚胎。俄罗斯也有相关法律禁止大多数情况下的基因改造研究，但仍允许部分胚胎基因编辑研究。瑞布里科夫称其将寻求政府机构的批准以顺利开展相关研究。但俄罗斯某位不愿意透露姓名的分子遗传学家表示，瑞布里科夫很难成功获得政府批准。人类基因胚胎编辑研究存在风险，且俄罗斯东正教会反对基因编辑，这也会给其研究带来阻力。国际伦理学人士呼吁，现阶段对人类胚胎进行基因编辑为时过早，俄罗斯政府应根据自有的法律法规体系限制基因编辑实验，确保相关研究不会对人类安全造成威胁。

39　Wei XZ, Rasmus N. CCR5-Δ32 is deleterious in the homozygous state in humans[J]. Nature Medicine, 2019, 25(6): 909-910. doi:10.1038/s41591-019-0459-6

40　Cyranoski D. Russian biologist plans more CRISPR-edited babies[J]. Nature, 2019, 570(7760): 145-146

7.美国学者开发新基因编辑工具，可完成"精准"编辑

《自然》杂志2019年6月12日报道，美国哥伦比亚大学的一项新研究可以解决当前基因编辑工具的主要缺点，并为基因工程和基因治疗提供一种强有力的新方法[41]。他们将新技术称为INTEGRATE技术，其是利用细菌跳跃基因将任意DNA序列准确地插入基因组而不切割DNA。现有的基因编辑工具都依赖于切割DNA，但这些切割可能会导致错误发生。INTEGRATE技术是迄今为止第一个完全可编程的插入系统，不久的将来即可应用于基础研究和临床试验。

8.美国将首次在人体内进行CRISPR基因编辑测试

2019年7月26日，美国Editas Medicine和Allergan两家公司将针对Leber先天性黑矇症开展体内基因编辑试验性治疗，通过CRISPR基因编辑技术为患者提供健康基因，且使成年人的DNA变化不会遗传给后代[42]。

Leber先天性黑矇症属遗传性失明常见病，此类患者的眼结构正常，但缺少将光线转换成信号传递给大脑的基因。此项试验性治疗使用在特定位置切割或编辑DNA的工具，为儿童和成年患者提供他们所缺乏的健康基因。

9.瑞士开发出最新CRISPR基因编辑方法，可一次性系统地修改整个基因网络

2019年8月16日，瑞士苏黎世联邦理工学院Randall Platt教授团队开发出最新CRISPR基因编辑方法，可利用Cas12a酶同时编辑25个不同基因位点[43]。研究人员表示，该技术理论上可使基因靶点增加到数百个，从而一次性系统地修改整个基因网络。该方法还可增加某些基因活性，同时降低其他基因活性，且这种活性变化的时间可精确控制，有望应用于复杂遗传性疾病的基础研究和细胞替代疗法，为复杂的大规模细胞编程铺平道路。

10.美国科学家开发SATI基因编辑技术，可靶向多种突变和细胞类型

2019年8月27日，美国索尔克生物研究所（Salk Institute for Biological Studies）的人员开发出一种名为SATI的新技术，能够针对多种细胞类型和突变编辑小鼠基因组。该技术是第一个可以靶向多种组织DNA非编码区的体内基因编辑技术[44]。

11.美国科学家首次创造出基因编辑爬行动物

2019年8月28日，美国佐治亚大学科学家借助基因编辑CRISPR-Cas9技术，制造出世界首例基因编辑爬行动物——小型白化蜥蜴。这种基因编辑方法以前曾用于改变哺乳动物、鱼类、鸟类和两栖动物的DNA，这是首次将其用于爬行动物，得到的白化蜥蜴只有人类食指大小[45]。

41　Klompe SE, Vo PLH, Halpin-Healy TS, et al. Transposon-encoded CRISPR-Cas systems direct RNA-guided DNA integration[J]. Nature, 2019, 571(7764):219 - 225.

42　First CRISPR study inside the body to start in US[EB/OL]. [2019-07-25]. https://www.abqjournal.com/1344915/first-crispr-study-inside-the-body-to-start-in-us.html

43　Campa CC, Weisbach NR, Santinha AJ, et al.Multiplexed genome engineering by Cas12a and CRISPR arrays encoded on single transcripts[J]. Nature Methods, 2019, 16: 887-893

44　Suzuki K, Yamamoto M, Hernandez-Benitez R, et al. Precise in vivo genome editing via single homology arm donor mediated intron-targeting gene integration for genetic disease correction[J]. Cell Research, 2019, 29(10): 804-819.

45　Rasys AM, Park S, Ball RE, et al. CRISPR-Cas9 Gene Editing in Lizards through Microinjection of Unfertilized Oocytes[J]. Cell Reports, 2019, 28(9): 2288-2292.e3.

12.非洲布基纳法索科学家释放基因编辑蚊子，旨在降低蚊子传播疟疾能力

2019年9月18日，非洲布基纳法索科学家释放基因编辑蚊子，以降低其传播疟疾的能力[46]。据悉，蚊子叮咬是传播疟疾的主要途径，每年有70多万人被蚊子叮咬后患疟疾而死亡。由于只有雌性成蚊才会传播疟疾，科学家运用基因驱动技术对雄蚊进行基因编辑，让其在野生环境中与雌蚊交配。雄蚊体内经改造后的基因可通过交配进入雌蚊，使雌蚊产下的后代不到成年便会死亡。但专家指出基因驱动技术存在较大不确定性，担心基因编辑蚊子可能会被用来开发生物武器。

（二）合成生物学重大事件或研究进展

1.美科学家首次构建出由8种核苷酸组成的DNA

美国研究人员通过使4种合成核苷酸与4种天然存在于核酸中的核苷酸相结合，构建出由8种核苷酸组成的DNA分子，并将其称为hachimoji分子。这些DNA分子的形状和行为都像是真实存在的东西，甚至能够被转录为RNA。研究人员表示，这些hachimoji分子的信息存储容量是天然核酸的2倍，因而可能具有广泛的生物技术应用前景。相关研究结果发表于2019年2月22日的《科学》上[47]。

Benner及其团队之前已将2个合成核苷酸（Z和P，它们之间形成一个碱基对）整合到DNA中，并证明它们可在体外复制和转录。如今，他的团队增加了另外两个合成核苷酸——S和B，它们之间也形成一个碱基对。研究人员本次将这两个化学合成的新型核苷酸整合到双链寡核苷酸（也含有G、A、T、C、Z和P）中，然后测试这些分子的解链温度，即让氢键受到破坏形成单链分子的温度。平均而言，他们观察到的解链温度与预测值相差不到2.1℃，这一误差范围与标准DNA寡核苷酸相类似。

2.英国科学家构建出仅使用61个密码子的大肠杆菌

英国剑桥大学的研究人员利用实验室合成的基因组替换了大肠杆菌的基因，相关研究结果于2019年5月15日在线发表在《自然》上。在文章中，研究人员描述了这种基因组替换和对冗余的遗传密码的剔除[48]。

任何给定生物的基因组都非常复杂，还有许多密码子的功能尚未被理解。在这项新的研究中，研究人员有两个目标。一是在他们的实验室中合成大肠杆菌的基因组，总共400万个碱基对（bp）；二是研究去除了DNA中的一些冗余密码子会导致大肠杆菌发生什么变化。

研究人员通过在计算机上对大肠杆菌的DNA进行重新编码，剔除了多个冗余密码

46　Scientists release sterile mosquitoes in Burkina to fight malaria[EB/OL]. [2019-09-18]. https://news.yahoo.com/scientists-release-sterile-mosquitoes-burkina-090000298.html?guccounter=1&guce_referrer=aHR0cHM6Ly9jbi5i5iaW5nLmNvbS8&guce_referrer_sig=AQAAAAlvVw-Aqh7ucgnSBjr19zXg4Wi6mQFYg4m8RM9bzolxev7r7LVydiIDr1PXnyipMYtDRFzdp25m1QPTXBhQckurwh9G6VinQn-GnuqkOiDl0_P3MIrVtCPzw18Owulo-5BuBxHPfBB-xxz8QO7VZWznYj7lwxvwzCr4mdcfvwlI

47　Hoshika S, Leal N A, Kim M J, et al. Hachimoji DNA and RNA: A genetic system with eight building blocks[J]. Science, 2019, 363(6429): 884-887

48　Fredens J, Wang K, La Torre D D, et al. Total synthesis of Escherichia coli with a recoded genome[J]. Nature, 2019, 569(7757): 514-518

子，从而实现了以上两个目标。研究人员最终将合成的基因组放入活的大肠杆菌中，将经过编辑的大肠杆菌命名为Syn61，这是因为在64个可能的密码子中，它仅使用61个密码子。Syn61大肠杆菌的生长需要更长时间，但除此之外，它的表现与未经编辑的大肠杆菌一样。研究人员提出在未来的研究工作中，有可能用其他序列替换他们移除的冗余密码子以构建出具有特殊能力的细菌，如制造自然界中不存在的新型生物聚合物。

3. 美国国防部拟占领合成生物学高地

2019年，美国陆军加紧对合成生物技术的研究，以帮助军方开发新型生物材料。美国陆军研究实验室作战能力发展司令部合成生物学研究监督负责人Dimitra Stratis-Cullum在2019年6月的第四届年度防御技术峰会上详细介绍了该司令部在开展合成生物学研究方面所做出的努力[49]。2019年9月24日，Forbes网站就美国生物安全防御问题专访了美国国防部生物技术负责人亚历山大·蒂托（Alexander Titus）。蒂托表示，国防部有责任了解美国所面临的威胁，且时刻掌握最先进的技术，并看到了合成生物学将为美国国防部、美国和全球经济带来的潜力，美国目前还是这项技术的领导者。蒂托还表示将制定未来十年计划，使美国的国防技术始终处于生物技术尤其是合成生物学的前沿[50]。

4. 美国疾病控制与预防中心成功合成埃博拉病毒

据Statnews网站2019年7月9日报道，美国疾病控制与预防中心的研究人员成功合成埃博拉病毒，这是疾病控制与预防中心埃博拉病毒感染诊断试验及实验性治疗研究项目中的部分成果[51]。此前，刚果（金）国家生物医学研究所（INRB）和美国陆军传染病医学研究所（USAMRIID）联合对造成刚果（金）埃博拉出血热疫情的病原体进行基因测序，相关结果已在网上公布。美国疾病控制与预防中心研究人员依据上述测序结果成功合成同序列的埃博拉病毒。

刚果（金）病毒学家在对相关埃博拉病毒进行测序之后，通过计算机程序分析病毒序列特点，判断目前使用的检测和治疗手段是否有效，并于2019年9月将研究结果发表在《柳叶刀·传染病》上。美国疾病控制与预防中心病毒学家的研究则更进了一步，在测序数据的基础上合成了上述病毒，并将成果应用于检测领域。

5. 美国科学家发现新方法简化人类人工染色体构建

来自美国宾夕法尼亚大学的研究人员通过绕过形成天然染色体所需的生物学要求，描述了一种形成人类人工染色体（HAC）的重要部分——着丝粒的新方法。相关研究结果发表于2019年7月25日的《细胞》[52]。

HAC基本上作为新的微型染色体发挥作用，携带着一组经过改造的基因，它们可与细胞的天然染色体组一起遗传。生物工程师设想HAC执行各种任务，包括递送用于

49　The US Army Is Making Synthetic Biology a Priority[EB/OL]. [2019-07-01]. https://www.defenseone.com/technology/2019/07/us-army-making-synthetic-biology-priority/158129/

50　With Great Power Comes Great Responsibility [EB/OL]. [2019-09-24]. https://www.forbes.com/sites/johncumbers/2019/09/24/with-great-power-comes-great-responsibility--meet-alexander-titus-the-department-of-defenses-head-of-biotechnology/#309342965781

51　CDC made a synthetic Ebola virus to test treatments. It worked [EB/OL].[2019-07-09].https://www.statnews.com/2019/07/09/lacking-ebola-samples-cdc-made-a-synthetic-virus-to-test-treatments-it-worked/

52　Logsdon GA, Gambogi CW, Liskovykh MA, et al. Human Artificial Chromosomes that Bypass Centromeric DNA[J]. Cell, 2019, 178(3):624-639

基因治疗的大分子蛋白，或者运输自杀基因以抵抗癌症。研究人员通过生化手段将一种称为CENP-A的蛋白直接运送至HAC DNA，从而简化实验室中的HAC构建。

这项研究的下一步是将Black实验室构建的着丝粒与其他人设计的一组基因连接在一起。这个循序渐进的构建项目是人类基因组编写计划（Human Genome Project-Write, HGP-write）的目标：构建真实尺寸的合成染色体。Black团队的贡献将有助于加速构建基于合成染色体的有用的研究工具和临床工具。

（三）获得性功能研究重大事件或研究进展

据《科学》（*Science*）2019年2月8日报道，美国重启禽流感病毒功能获得性研究，美国卫生与公共服务部（HHS）将资助两项禽流感病毒功能获得性研究（GoFR）[53]。

2018年，美国卫生与公共服务部对相关申请进行了全面审核，并对研究风险－效益分析、安全措施及沟通交流计划等工作提供了指导和建议。2019年1月10日，河冈义裕（Yoshihiro Kawaoka）的申请获得批准，资金由美国国立过敏与传染病研究所（NIAID）拨付。此次对河冈义裕团队的资助实则为接续2014年因禽流感病毒功能获得性研究争议而暂停资助的项目，研究内容包括明确导致H5N1病毒毒株在雪貂间经飞沫传播的基因突变。河冈义裕称，美国卫生与公共服务部要求研究人员一旦发现能在雪貂间经飞沫传播的高致病性H5N1病毒毒株或实验生成耐药菌株，必须立刻报告美国国立过敏与传染病研究所。美国卫生与公共服务部在监管框架中细化及明确了研究人员汇报的时间表和汇报对象。

另一项研究是由美国西奈山伊坎医学院荣·费奇实验室开展的。研究内容包括确定致使禽流感病毒毒性增强的分子变化、明确禽流感病毒在雪貂间传播时发生的基因突变。美国卫生与公共服务部审核小组并未要求荣·费奇修改拟定实验方案，但对其如何管控实验人员以预防可能出现的人员病毒感染提出了建议。

河冈义裕表示，美国政府对禽流感病毒功能获得性研究的重新审视及新监管机制的出台很关键，也很及时。不应忽视禽流感病毒功能获得性研究的潜在风险，但也不可因噎废食。美国密歇根大学病毒学家麦克·因帕里艾尔（Michael Imperiale）对河冈义裕展示的安全措施清单表示赞赏，肯定了美国卫生与公共服务部新监管框架和要求的现实意义。

美国卫生与公共服务部的批准在国际社会引起广泛关注。也有部分专家对上述结果表示不解。美国哈佛大学流行病学家马克·利普西奇（Marc Lipsitch）质疑政府耗费大量时间、人力和物力对功能获得性研究进行全面评估的实际结果和真正效益。他认为，政府没有公布审议过程即重启实验资助，似乎并不能服众。

（四）生物技术监管政策

1.世卫组织成立人类基因组编辑治理监督委员会

2019年2月14日，世卫组织宣布组建人类基因组编辑治理监督委员会，以制定人

53　EXCLUSIVE: Controversial experiments that could make bird flu more risky poised to resume[EB/OL]. [2019-07-25]. https://www.sciencemag.org/news/2019/02/exclusive-controversial-experiments-make-bird-flu-more-risky-poised-resume

类基因组编辑治理和监督的全球标准[54]。根据世卫组织公布的简短声明，该委员会的目标是就人类基因组编辑的治理机制提出适当的建议。委员会成员将审查与实践相关的科学、道德、社会和法律问题。

该委员会是在成员公开征集之后成立的，此次小组的所有成员将以独立和个人身份任职，代表广泛的学科、专业知识和经验。世卫组织表示，将根据世卫组织利益声明表中披露的信息对所有潜在的利益和冲突进行评估。

2. 多国科学家呼吁暂停人类生殖细胞系基因编辑临床应用

2019年3月14日，《自然》在线刊登了一篇评论文章，来自7个国家的18名科学家和伦理学家呼吁暂停全球所有人类生殖细胞系基因编辑的临床应用[55]。《自然》还刊登了编辑部评论、学术界观点和美国国立卫生研究院（NIH）的声明以共同支持这项呼吁。

参与发表评论文章的科学家包括美国麻省理工学院－哈佛大学博德研究所主席、创始人 Eric S. Lander，加拿大达尔豪斯大学生物伦理学和哲学教授 Françoise Baylis，博德研究所核心成员张锋，德国马克斯·普朗克感染生物学研究所的 Emmanuelle Charpentier 等。此外还有来自中国的中科院院士邵峰、中科院生物化学与细胞生物学研究所李劲松、社科院哲学研究所研究员和北京协和医学院生命伦理学研究中心学术委员会主任邱仁宗、北京大学生命科学学院魏文胜等。

所谓的生殖系基因编辑，即改变可遗传的 DNA（精子、卵子或胚胎）来制造基因编辑婴儿。文章强调其所说的"全球禁令"并不是指永久禁令，而是应建立一个国际框架，各国在该框架下保留自主决定权，自愿同意不批准任何临床生殖系基因编辑的使用，除非满足某些条件。

具体来说，首先应有一个固定期限，在此期间，不允许临床应用任何生殖系基因编辑技术。这段时间将讨论技术、科学、医学、社会、伦理和道德问题，这些问题必须在生殖系基因编辑被允许之前加以考虑。同时，这段时间还将用来建立国际框架。随后，各国可能会选择不同的道路。目前大约30个国家有直接或间接禁止所有临床使用生殖系基因编辑的相关立法，这些国家可能选择无限期地继续暂停或实施永久性禁令。

同时，任何一个国家都可以选择允许对生殖系基因编辑的特殊应用，但应该满足以下前提：公开考虑这项应用的意向，并在明确的期限内就这样做的明智性进行国际协商；通过透明的评估确定应用是否正当合理；就应用的适当性在全国范围内达成广泛的社会共识。文章提到，各国或许会选择不同的道路，但应同意公开推进，在事关人类物种的大事上，各国必须持开放的、充分尊重人类的观点。

需要说明的是，18名科学家和伦理学家呼吁暂停不适用于研究用途的生殖系基因编辑，前提是这些研究不涉及将胚胎移植到人的子宫，也不适用于人类体细胞（非生殖细

54　Advisory Committee on Developing Global Standards for Governance and Oversight of Human Genome Editing-call for contribution[EB/OL]. [2019-02-14]. https://www.who.int/ethics/topics/human-genome-editing/consultation-2020/en/

55　Lander E, Baylis F, Zhang F, et al. Adopt a moratorium on heritable genome editing[J]. Nature, 2019, 567(7747):165-168. doi:10.1038/d41586-019-00726-5

胞）的基因组编辑，体细胞基因编辑目前可以用来治疗疾病，患者有知情同意权，同时他们的DNA编辑是不会被遗传的。

3.世卫组织人类基因组编辑治理监督委员会召开首次会议并提议建立全球登记处

2019年3月18日至19日，世卫组织人类基因组编辑治理监督委员会在瑞士日内瓦召开会议，并达成广泛共识，即目前任何人继续开展人类种系基因组编辑临床应用都是不负责任的，并且建议世卫组织应创建一个透明的全球登记处，列出与人类基因组编辑相关的所有实验[56]。

专家委员会由18名研究人员和生物伦理学家组成。联合主席Margaret Hamburg强调，该委员会计划在未来18个月内深入研究全球标准，创建一个强有力的国际治理框架，负责管理基因编辑技术。Margaret Hamburg几乎没有提及登记细节，但表示其中应该包括种系实验和以不可遗传的方式改变人类基因组的不道德研究。委员会将向世卫组织总干事提交建议，由其决定是否采取行动。

世卫组织首席科学家Soumya Swamanathan博士称，该委员会将为所有致力于基因编辑技术的人们开发必要工具，提供相应指导，以确保利益最大化和人类健康风险最小化。

4.日本专家小组认为基因编辑食品安全[57]

2019年3月19日，日本专家小组做出一项决定，虽然最终报告没有立即对外公布，但是一份相关的报告草案早些时候已经在厚生劳动省的网站上发布。该报告指出，只要使用的技术不把外来基因或部分基因留在目标生物体中，就不需要进行安全筛查。同时，目前未发现基因编辑食品诱发癌症或其他安全问题，因此无须审查。报告结论是，要求开发人员或用户提供相关基因编辑技术、用于修改的基因和其他细节的信息是合理的，这些都将在尊重专有信息的同时予以公开。

报告同时指出，如果相关的基因编辑技术缺乏足够详细的资料，则仍有可能需要进行安全评价。报告草案并没有直接涉及这些基因编辑食品是否应该贴标签的问题。厚生劳动省在2019年9月发布的基因编辑食品政策的最终定稿在很大程度上遵循以上建议。

据日本共同社报道，日本研究人员正在研究基因编辑过的土豆、大米、鸡和鱼。日本正在开发的基因编辑食品包括增加降血压成分的西红柿和个头更大的真鲷等。

5.澳大利亚放宽基因编辑技术监管，选择折中监管政策

2019年4月26日，澳大利亚法规规定，在动植物中使用某些基因编辑技术可以无须政府审批。在没有引进新的遗传物质的情况下，政府不会干涉在动植物中使用基因编辑技术。澳大利亚这一法规是介于美国、巴西、阿根廷的宽松政策和欧盟的严格政策之间的折中之举[58]。

56　WHO calls for strong int'l governance on human genome editing [EB/OL]. [2019-03-20]. http://www.ecns.cn/news/2019-03-20/detail-ifzfsfwt8635930.shtml

57　Gene-edited foods are safe, Japanese panel concludes [EB/OL]. [2019-03-19]. https://www.sciencemag.org/news/2019/03/gene-edited-foods-are-safe-japanese-panel-concludes

58　Australian gene-editing rules adopt 'middle ground' [EB/OL]. [2019-08-23]. https://www.nature.com/articles/d41586-019-01282-8

6.俄罗斯启动价值约17亿美元基因编辑计划[59]

2019年5月16日，俄罗斯公布了一项价值1110亿卢布（约17亿美元）的基因编辑联邦计划，将在未来10年内开发30种基因编辑植物和动物品种，旨在减少对进口作物的依赖。具体计划如下：到2020年，开发10种基因编辑作物和动物新品种；到2027年时再增加20种。

该计划将大麦、甜菜、小麦和土豆这4种农作物列为优先作物。根据联合国粮农组织的数据，俄罗斯是世界上最大的大麦生产国，也是其他3种作物的主要生产国。这些作物的基因编辑开发工作正在进行中。莫斯科拉斯研究所的科学家正在开发抗病品种的土豆和甜菜。圣彼得堡瓦维洛夫植物工业研究所和拉斯细胞学与遗传学研究所则在进行大麦和小麦的基因编辑研究，目的是让这两种作物更容易加工，也更有营养。

7.美国和英国召集成立国际人类生殖系基因组编辑临床应用委员会

2019年5月22日，美国国家科学院网站发表文章称，美国国家医学院、美国国家科学院和英国皇家学会共同召集多国科学家成立国际人类生殖系基因组编辑临床应用委员会，旨在为科学家、临床医生和管理机构建立一个人类生殖系基因组编辑的潜在临床应用评估框架，包括人类生殖系基因组编辑需要考虑的科学、医学和伦理问题等[60]。

8.美国众议院提议取消"基因编辑婴儿"禁令[61]

2019年5月24日，美国众议院民主党领导的拨款小组在最新提出的法案中取消了禁止胚胎编辑的条款，支持"基因编辑婴儿"研究。该法案仍需通过立法程序，美国共和党人可能会推动恢复该禁令。

2016年的美国政府资金拨款法案首次提出该禁令，禁止美国FDA批准"包括可遗传的基因修饰"的任何人类胚胎研究临床试验申请。美国国立卫生研究院（NIH）被禁止资助人类种系编辑（精子、卵子或胚胎的基因改造）研究。但是这些研究是允许私人资助的，不过研究人员需要经美国FDA批准才可进行临床试验。

美国众议院拨款小组委员会负责为美国FDA提供资金。2019年5月23日，该委员会批准了2020年的拨款法案草案，其中提到要取消这一禁令。一位美国民主党助理表示，该条款之所以被撤销，是因为它是在3年前私下写入法案中的，从未进行公开辩论。他们认为这一条款可能会限制重要的科学研究。

9.美国参议员呼吁就生殖系基因编辑技术制定国际准则

2019年7月15日，美国两党参议员Dianne Feinstein、MarcoRubio和Jack Reed共同提出一项议案，呼吁全球加强合作，为在生殖系中使用基因编辑技术制定道德标准[62]。

59　Russia joins in global gene-editing bonanza[EB/OL]. [2019-05-14]. https://www.nature.com/articles/d41586-019-01519-6

60　International Commission on the Clinical Use of Human Germline Genome Editing[EB/OL]. [2019-05-23]. http://nas.edu/gene-editing/international-commission/index.htm

61　House Committee Votes To Continue Ban On Genetically Modified Babies [EB/OL]. [2019-06-04]. https://www.npr.org/sections/health-shots/2019/06/04/729606539/house-committee-votes-to-continue-research-ban-on-genetically-modified-babies

62　Rubio, Feinstein, Reed Introduce Bipartisan Resolution for International Ethical Standards for Gene-Editing Research [EB/OL]. [2019-07-15]. https://www.rubio.senate.gov/public/index.cfm/2019/7/rubio-feinstein-reed-introduce-bipartisan-resolution-for-international-ethical-standards-for-gene-editing-research

这3位参议员在议案中明确表示，反对使用基因编辑人类胚胎建立妊娠实验，特别重申了对人类生殖系基因组编辑临床应用委员会的支持。该委员会致力于制定有关在研究领域使用生殖系基因编辑的框架。此外，这3位参议员鼓励美国国务卿与其他国家及联合国、世卫组织等国际组织合作，就人类胚胎基因编辑临床应用的伦理限制达成国际共识。

10.美国出台首部直接监管CRISPR基因编辑技术法案

2019年8月9日，美国加州出台了一项针对CRISPR基因编辑技术的法案[63]。法案名为"人类生物黑客"，规定禁止在加州销售基因治疗工具包，除非卖家在商品显著位置上警告消费者不可将此工具包用在自己身上。

法案的提出者是加州参议员Ling Ling Chang，他表示这是美国首部直接监管CRISPR基因编辑技术的法案。该法案于2019年7月30日签署，于2020年1月正式颁布实施，旨在鼓励技术创新前提下确保实现消费者和公众的安全。由于CRISPR技术在公共消费领域尚处于起步阶段，因此需要进行更多的研究以确保CRISPR基因编辑产品的安全。

11.国际人类胚胎基因编辑委员会召开首次会议

2019年8月19日，国际人类胚胎基因编辑委员会召开首次会议。会议就胚胎基因组编辑治理和使用等相关问题进行讨论，旨在共同制定基因编辑实验管理框架[64]。

该会议由美国国家医学院和美国国家科学院及英国皇家学会组织，在华盛顿的美国国家科学院举行。该会议是科学、工业界、监管和资助机构及患者倡导团体的代表首次集体参会，讨论人类胚胎中CRISPR基因组编辑技术的应用。

12.世卫组织启动全球人类基因组编辑注册计划

2019年8月29日，世卫组织批准开启全球人类基因组编辑注册计划的第一阶段，跟踪人类基因组编辑研究，呼吁所有相关研究的临床试验都应进行注册[65]。为推进全球人类基因组编辑治理框架的制定，世卫组织还宣布将开放关于基因组编辑管理的在线咨询。

世卫组织总干事Tedros Adhanom Ghebreyesus在人类基因组编辑治理监督委员会第二次会议上表示："新的基因组编辑技术为患有我们曾经认为无法治愈的疾病的人们带来了巨大的希望，但这些技术的一些用途也带来了前所未有的挑战。"[56]Tedros强调，在考虑技术影响和伦理影响之前，各国不应批准人类种系基因组编辑用于人类临床应用。

13.美国国立卫生研究院支持暂停遗传基因组编辑研究

2019年11月8日，美国国立卫生研究院主任Francis Collins表示，支持暂停遗传基

63　Don't change your DNA at home, says America's first CRISPR law[EB/OL]. [2019-08-09]. https://www.technologyreview.com/2019/08/09/65433/dont-change-your-dna-at-home-says-americas-first-crispr-law/

64　SHARE International Commission on Heritable Genome Editing Holds First Public Meeting [EB/OL]. [2019-08-20]. https://www.nationalacademies.org/news/2019/08/international-commission-on-heritable-genome-editing-holds-first-public-meeting

65　WHO launches global registry on human genome editing [EB/OL]. [2019-08-29]. https://www.who.int/news-room/detail/29-08-2019-who-launches-global-registry-on-human-genome-editing

66　NIH's Collins Calls for Germline Gene Editing Moratorium at Policy Summit[EB/OL]. [2019-11-06]. https://www.asgct.org/research/news/november-2019/nih-collins-germline-gene-editing-moratorium-asgct

因组编辑研究，主要原因涉及3个方面，即安全、医学和伦理[66]。

Francis Collins认为，当前CRISPR-Cas9技术的安全问题众所周知，他希望有机会接触基因编辑婴儿，以监测婴儿健康状况。关于医学问题，他认为大多数情况下，胚胎植入前的基因检测可帮助夫妇生下健康孩子，虽然存在个别情况无法使用植入前基因检测，但这些个别情况不应成为进行遗传基因组编辑的理由。关于伦理问题，他表示，该技术可能会改变人类本性。

14.世卫组织成员呼吁坚持2020年人类基因组编辑治理计划

2019年11月12日，世卫组织成员Margaret Hamburg和Edwin Cameron在《自然》发表文章认为，世卫组织目前正在制定的全球治理框架具有重要意义且十分紧迫[67]。

文章表示，在2020年底之前，世卫组织的目标是确定关键问题，并使解决方案具有可扩展性、可持续性，适合在国际、区域、国家和地方各级使用。框架的制定将以透明、包容、公平、负责的科学管理和社会正义为基础。为了满足这些标准，他们将分享委员会的流程和成果，包括正在做的事情及为何、如何这样做；还将吸纳全球各界提供的不同观点，坚持以良好的科学和临床行为规范最大程度提高益处、减少伤害，同时还将赋予每个人平等获得机会的权利。

作者称，世卫组织反对一切形式的基于个人或群体特征的歧视，包括性别、种族、民族、年龄和残疾等。世卫组织正在探索一种机制，让公众和社区都能有效地参与到人类基因组编辑治理中。

五、实验室生物安全

实验室生物泄漏是指在生物实验室中发生的涉及病原体的、非人为故意的释放或者泄漏事件。2019年，美国、俄罗斯发生了生物安全实验室重大事件，美国陆军传染病医学研究所实验室未达生物安全标准被美国疾病控制与预防中心勒令关闭，俄罗斯存放天花病毒实验室发生爆炸，令人们对生物安全实验室的生物安全和生物安保产生担忧。

（一）美国陆军传染病医学研究所实验室未达生物安全标准被关闭

由于未通过美国疾病控制与预防中心的生物安全检查，美国陆军传染病医学研究所（USAMRIID）位于马里兰州德特里克堡的实验室被勒令关闭，其关于高致病性物质的研究均被无限期中止。

2019年6月，美国疾病控制与预防中心对该实验室进行了检查。检查人员发现其存在未能遵守当地的行政程序，缺乏对员工的定期重新认证培训，以及废水净化系统未达到美国联邦管制生物剂计划（Federal Select Agent Program，FSAP）标准的问题。2018年5月，德特里克堡蒸汽灭菌工厂在洪水中遭到破坏。此后，该实验室一直在使用污水净化系统，这意味着该实验室失去了对实验室废水进行热处理的能力，从而无法达到

---

67 WHO sticks to 2020 governance plan for human-genome editing[EB/OL]. [2019-11-12]. https://www.nature.com/articles/d41586-019-03474-8

FSAP的标准。2019年7月15日，该研究所收到了美国疾病控制与预防中心发来的信函，责令其停止在生物安全3级和4级实验室中的研究。同时，美国疾病控制与预防中心暂时取消了该研究所在FSAP中的注册，导致该研究所无法对埃博拉病毒等危险病原体进行研究。

该研究所正在开展的多个研究项目也受到了实验室关闭的影响。例如，其与美国艾伯特爱因斯坦医学院合作的针对克里米亚－刚果出血热病毒、汉坦病毒、辛诺柏病毒和普马拉病毒等病毒开发抗体疗法，以及与美国乔治梅森大学等合作创建一个传染病暴发通用监控平台等项目。

USAMRIID发言人Caree Vander Linden称，取消注册不会影响研究所搬入位于德特里克堡的新设施。同时，该研究所仍将继续执行重要临床诊断任务，并将继续为应对传染病威胁或其他生物安全意外事件提供专业支持。目前，该研究所正在努力满足陆军和美国疾病控制与预防中心的要求，并恢复在FSAP的注册。

2019年11月20日，美国疾病控制与预防中心和农业部对USAMRIID解除部分禁令，该研究所将逐步恢复工作，其实验室将在一定范围内重新运作，但在开始实验室工作之前，仍需陆军未来司令部司令批准[68]。

（二）俄罗斯存放天花病毒实验室发生爆炸

2019年9月16日下午，位于俄罗斯新西伯利亚地区的俄罗斯国家病毒学和生物技术研究中心（State Research Centre of Virology and Biotechnology）发生天然气爆炸，并且导致起火，整栋大楼的玻璃被炸毁，一名工人发生Ⅲ度烧伤[69]。

由于俄罗斯国家病毒学和生物技术研究中心的大楼内存放着天花病毒、埃博拉病毒等不同种类的致命活体病毒，此次事件迅速从普通的紧急情况升级为重大事件。俄罗斯紧急情况部紧急派出了13辆消防车和38名消防员，在爆炸发生4分钟后赶到现场，近30m^{2}的大火随后被扑灭。但此次爆炸是否会导致病毒泄漏，依然引发了人们的关注。俄罗斯国家病毒学和生物技术研究中心行政人员表示，爆炸发生地点位于该中心五楼的一间"正在进行维修"的卫生检查室，房间内没有生物危险物质，也没有造成任何结构损伤，因此没必要感到恐慌或威胁。

俄罗斯国家病毒学和生物技术研究中心位于新西伯利亚市东南20英里（1英里＝1.609km）处，由一支俄罗斯精锐部队负责守卫和巡逻。该实验室以开发埃博拉出血热和肝炎疫苗，以及开展流行病学和免疫学相关研究而闻名世界，是现在俄罗斯最主要的病毒研究中心之一。在冷战期间，该中心曾被认为是苏联生物武器计划的一部分，保存包括埃博拉病毒、炭疽杆菌和鼠疫杆菌等最危险的菌毒株。该中心还是全球仅有的两个存有活体天花病毒的实验室之一，另一个是美国疾病控制与预防中心位于亚特兰大的实

68　CDC Inspection Findings Reveal More about Fort Detrick Research Suspension[EB/OL]. [2019-11-24]. https://www.military.com/daily-news/2019/11/24/cdc-inspection-findings-reveal-more-about-fort-detrick-research-suspension.html

69　Explosion at Russian lab known for housing smallpox virus[EB/OL]. [2019-09-17]. https://edition.cnn.com/2019/09/17/health/russia-lab-explosion-smallpox-intl-hnk/index.html

验室。

（三）美国向4处驻韩美军基地寄送致命生物剂试验材料

2019年11月1日，根据美军向韩国产业通商资源部提供的《非活性化生物实验试验材料入国报告》第一季度资料显示，美国化学与生物防御联合计划执行办公室为支援CENTAUR计划（推测为生物防御试验项目），于2019年1月9日通过联邦快递向4处驻韩美军基地寄送了致命生物剂试验材料，包括肉毒杆菌类毒素、葡萄球菌类毒素和蓖麻毒素[70]。

驻韩美军并未提及试验材料用于何种实验及将如何处理，韩国部分意见认为可能用于疫苗开发，也可能用于驻韩美军的生化研究。虽然韩国相关政府机关明确表示试验材料已去除毒性，并无危害，但市民的反抗情绪高涨，釜山市政府也强烈要求韩国国防部和驻韩美军召开说明会以消除市民的不安。

长期以来，美国一直向驻韩美军基地发送生物样本。2015年美国犹他州一家美军实验室曾误将活性炭疽样本发送至位于韩国京畿道乌山的美军基地，所幸并未造成相关人员伤亡。

（四）专家呼吁重视实验室的生物泄漏隐患

1.社区实验室或成为生物安全隐患之地

随着生物技术对人类生活的影响越来越深刻，生物实验及生物创新思想也从严格管理的实验室走入民间。近来，生物DIY（又称生物黑客）及由此发展起来的社区实验室引起了广泛关注。美国约翰斯·霍普金斯大学公共卫生学院网站于2019年8月19日报道，根据DIY生物学家在线中心（DIYbiosphere）统计，目前全世界共有52个社区实验室，其崛起和普及可能会促进生物技术创新，但也存在一定的安全风险[71]。

一是社区实验室相对较低的准入门槛引发了人们对其安全性的担忧。在学术实验室中，相关人员必须在开始工作之前参与特定的培训计划，并且每个项目都有机构审查委员会评估其道德规范，上述监督机制在社区实验室中基本处于空白阶段。

二是社区实验室开放的成果共享模式，任何人都能在网络平台上找到实验记录和指南，生物实验成果可能被恶意行为体滥用，由此带来的安全风险无法预料。

三是人员构成复杂，团体管理松散，目前已经开始投入运营的多家社区实验室管理人员都表示，尚没有形成固定的运作模式。实验室的所有成员都是志愿者，他们有自己的工作，只能在业余时间参与兴趣研究。管理人员无法掌握科研人员的思想状态，可能更无法预估科研走向和成果使用动向，潜在风险不容忽视。

70　'탄저균 쇼크'에도 계속되는 주한미군 생화학 실험 '위험천만'[EB/OL]. [2019-11-24]. https://willow200man.livejournal.com/10664011.html

71　Innovation in DIY Biology. [EB/OL]. [2019-11-24]. http://www.bifurcatedneedle.com/new-blog/2019/8/19/innovation-in-diy-biology

2. 实验室存在制造大流行病原体的隐患

据 Homeland Security News Wire 网站 2019 年 9 月 3 日报道，美国有 14 个实验室正在研究制造可由哺乳动物间经空气传播的高致病性禽流感病毒[72]。这种实验室制造潜在大流行病病原体的案例提出了一系列真实而现实的问题：这种两用性研究的细节是否应该公布呢？实验室创造的潜在大流行病病原体是否会被意外释放到社区并引发人类大流行呢？它们可以被用作生物武器吗？

文章认为，病原体从企业实验室意外释放到社区的可能性非常高。对于这些实验室制造的潜在大流行病病原体，只要有一名研究人员受到感染，就可能会引发大流行。此外，具有敌对意图的实验室工作人员可能会故意将潜在大流行病病原体释放到社区。因此，实验室存在制造大流行病病原体的巨大隐患。

（军事科学院军事医学研究院　陈　婷　周　巍　刘　术）

（中国人民解放军疾病预防控制中心　李晓倩）

（中国科学院武汉文献情报中心　梁慧刚　黄　翠）

（山东省科学院情报研究所　王　燕　崔姝琳　魏惠惠　倪晓婷　徐盈娟

王全枝　管旭冉）

（国际技术经济研究所　肖　尧）

72　Is There a Role for the Biological Weapons Convention in Oversight of Lab-Created Potential Pandemic Pathogens? [EB/OL]. [2019-09-03]. http://www.homelandsecuritynewswire.com/dr20190903-is-there-a-role-for-the-biological-weapons-convention-in-oversight-of-labcreated-potential-pandemic-pathogens

第二章

国际生物安全治理与生物军控

2019年度，国际生物安全形势复杂多变，生物科技迅猛发展，生物军控多边进程矛盾与合作并存。我们必须充分做好应对复杂困难局面的准备，积极参与国际生物安全合作，推动全球生物安全治理改革和建设。

一、应对生物威胁战略举措

2019年度，美国先后出台《全球卫生安全战略》和《2019～2022年国家卫生安全战略》，生物安全国家战略体系进一步完善，并继续高额投入生防技术与产品研发。

（一）完善生物安全国家战略体系

美国政府继2009年发布《应对生物威胁国家战略》、2012年发布《生物监测国家战略》、2018年发布《国家生物防御战略》以来，2019年又出台了《全球卫生安全战略》[1]。至此，美国生物安全国家战略体系进一步完善，涵盖生物反恐、生物监测、生物国防、生物安全国际合作等各个领域。2019年5月9日，特朗普政府发布《全球卫生安全战略》，战略共32页，包括5部分和3个附件，内容包括愿景、目标、优先技术领域、美国的全球卫生安全活动、管理机制等[1]。《全球卫生安全战略》是美国首个面向全球卫生安全的发展战略和行动纲领，也是其国家安全领域中首个面向全球的国际合作战略，主要体现在以下三个方面战略考量。一是谋求全球领导地位。从《全球卫生安全战略》的3个目标及其措施可以看出，美国将与伙伴国政府、非政府组织和国际组织合作，协助目标国家维持和提高其卫生安全能力，并特别强调，当疫情超出一个国家的应对能力时，美国应成为全球领导者。二是推动全球卫生安全议程。《全球卫生安全战略》反复强调将全球卫生安全议程作为促进全球应对传染病威胁的主要机制，"全球卫生安全议程"一词在《全球卫生安全战略》正文中出现多达57次。该议程于2014年2月由美国政府提出，目前有60多个成员国，重点关注传染病预防、监测及响应，相关活动由美国政府主导，并与世卫组织的《国际卫生条例》及世界动物卫生组织等框架和协议相协调。《全球卫生安全战略》指出，美国鼓励国家、国际组织和私营公司加入"全球卫生安全议程"，制定具体目标，降低传染病威胁，确保美国的伙伴国具有应对卫生安全的关键能力。三

1　United States Government Global Health Security Strategy（2019）[EB/OL].[2019-11-24].https://www.whitehouse.gov/wp-content/uploads/2019/05/GHSS.pdf

是强化部署军队系统的职能任务。美国国防部是美国政府"全球卫生安全议程"和《全球卫生安全战略》的重要参与方。美国《全球卫生安全战略》明确了国防部的职责和任务，包括促进与全球卫生安全目标一致的军方活动和计划的实施及协调，促进生物监测、生物安全方面的军民能力建设，以及与其他伙伴国军方合作，与国际开发署、卫生与公共服务部协调提供援助与支持等。《全球卫生安全战略》赋予了美军全球生物安全部署的合理合法性，为军方监测哨点和实验室全球布局提供了依据和理由，有效保障了美国全球生物安全军事部署和军事职能发挥。

（二）制定全谱性国家健康战略

美国卫生与公共服务部（HHS）作为国家生物安全的协调中枢，制定出台了涵盖全谱性健康挑战的战略。2019 年 1 月 14 日，美国卫生与公共服务部发布了《2019～2022 年国家健康安全战略》（*National Health Security Strategy 2019—2022*）[2]。该战略指出，极端天气和自然灾害、传染病和流行病、技术和网络威胁、化生放核（CBRN）是人类面临的四大健康威胁。抗生素耐药性、新病毒株抗药性和灭绝疾病重现可能导致疾病大流行，也可能为恐怖分子所利用给全球带来灾难。美国将充分调动各部门力量，保护美国免受大流行传染病及 CBRN 带来损害。该战略从保护美国人民健康的高度，将自然发生和人为故意的生物安全威胁统筹考虑，是美国应对全谱性生物安全威胁、树立"大生物安全观"的新的理论实践。

（三）实施一揽子国家生防计划

在生防技术与产品研发方面，美国继续给予较高经费投入。2019 年 6 月，美国国会决定，进一步加强"生物盾牌"计划，将其作为 2019 年《流行病和全面灾害防范以及创新推进法案》（PAHPAIA）的一部分，增加了经费预算，并为产品开发提供十年资金[3]。美国"生物盾牌"计划于 2004 年开始实施，15 年来，共支持了 27 个项目，共 15 种产品纳入国家战略储备，用于应对埃博拉病毒、炭疽杆菌、肉毒毒素、天花病毒、神经毒剂、急性放射病和辐射烧伤等多种核化生威胁。其中，10 种产品获得美国 FDA 的批准，其他 5 种产品在美国 FDA 的紧急使用授权下可以使用。2019 年 7 月 11 日，由美国共和党、民主党两党联合组成的生物防御蓝丝带委员会（BRSPB）在纽约市举行会议。会议认为，美国在生物领域面对的威胁不断加剧，主要包括生物战和生物恐怖主义及传染病大流行，但美国政府依然缺乏应对生物危机的有效防控手段。会议提议设立"生物防御曼哈顿计划"，仿照"曼哈顿计划"模式，将军方机构、联邦机构、学术界、工业界、政府承包商、独立实验室等公共和私营部门紧密联合起来，共同应对生物威胁[4]。

2　National Healtu Seeurity Strategy 2019—2022[EB/OL].[2019-10-15].https://www.phe.gov/Preparedness/planning/authority/nhss/Documents/NHSS-Strategy-508.pdf

3　Project BioShield: Building a Better Medical Countermeasure Pipeline[EB/OL].[2019-11-24].https://globalbiodefense.com/2019/08/05/project-bioshield-building-a-better-medical-countermeasure-pipeline/

4　Bipartisan Commission On Biodefense. "A Manhattan Project for Biodefense: Taking Biological Threats Off The Table" [EB/OL].[2019-08-06].https://biodefensestudy.worldsecuresystems.com/event/a-manhattan-project-for-biodefense?view=register

二、国际多边生物军控进程

2019年度，《禁止生物武器公约》专家组会和缔约国会如期举行。本轮会议是八审会后新一轮会间会的第二轮会议，会议各方交锋激烈。

（一）《禁止生物武器公约》专家组会

2019年度《禁止生物武器公约》专家组会于7月28日至8月8日在联合国驻瑞士日内瓦办事处召开。来自95个缔约国、3个签约国（埃及、海地、坦桑尼亚）、1个非缔约国（以色列）和世卫组织、世界动物卫生组织、禁止化学武器组织、红十字国际委员会等国际组织的代表参加了会议，德国汉堡大学、美国国家科学院、斯德哥尔摩国际和平研究所等30余个非政府组织和学术机构列席会议。本次会议是公约八审会后，根据缔约国达成的新一轮会间会工作计划召开的第二次专家组会议，主要围绕国际合作与援助、科技审议、国家履约、受害国援助应对与准备、加强公约机制等五项议题展开讨论[5]。各方立场鲜明、讨论激烈，美国等西方国家拒绝重启具有法律约束力的核查议定书谈判，不结盟国家则坚持推动具有法律约束力、全面推进公约执行力的"一揽子方案"。经磋商讨论，会议最终达成专家组会五项议题的程序性报告。会上，各国代表大力推动于己有利的倡议主张，谋求国际生物军控进程的话语权和主导权，主要有以下动向。

一是国际合作与援助议题分歧较大。国际合作与援助一直是发达国家与发展中国家在生物军控领域分歧较大的议题。此次会议上，该议题主要围绕援助与合作数据库、挑战与应对、教育与培训等方面展开讨论。发展中国家呼吁公平，要求发达国家履行公约第十条义务，设立公约框架下的国际合作专门机制，取消歧视性生物技术出口控制；发达国家则关注安全，强调国际合作与援助应确保遵约为前提，不能损害公约宗旨。

二是科技审议议题争议较少。科技审议是目前生物军控磋商谈判中呼声最高、分歧较少的议题。本次会议上，该议题主要围绕科学家行为准则、风险评估、基因编辑等方面展开讨论。随着生物技术的发展，其潜在谬用风险引起国际社会广泛关注，多数成员国要求加强对生物科技发展的审议。会议期间，美国、英国分别提交了"生命科学研究进展风险和利益评估方法""生物风险管理再思考"等工作文件[5]，俄罗斯通过边会平台，倡导在公约框架下成立科学咨询委员会，德国联合荷兰和瑞典共同提交了成立公约科学咨询论坛的建议案。

三是履约遵约机制引起广泛关注。该议题围绕出口管制、同行评议、建立信任措施等方面展开讨论。西方国家继续推行"同行评议"机制，法国重点介绍了"同行评议"的做法及经验教训。各国就如何优化建立信任措施（CBM）陈述了观点，日本建议对CBM进行分步骤提交，得到美国支持。英国建议扩大疫苗生产设施的申报范围，既包括缔约国批准的在其领土上的疫苗生产设施，也包括在其领土外疫苗生产设施的申报。伊朗强调CBM的自愿提交原则。中方支持提高CBM的透明度和改进CBM宣布表格，表示继续积极参与CBM申报，并与多边生物军控协调部门（履约支持股）加强交

5　2019 Meetings of Experts[EB/OL]. [2019-11-12]. https://www.unog.ch/80256EE600585943/(httpPages)/E8A053 57EECA5490C12583BE00578053?OpenDocument

流合作。

四是援助应对与准备议题推进缓慢。该议题主要围绕面临挑战、生物医学机动单位、援助数据库等方面展开讨论。美国等西方国家强调联合国秘书长调查指称使用生物武器机制（UNSGM）的重要性，认为 UNSGM 是目前对指称使用生物武器调查的最佳选择。俄罗斯继续推动组建"生物医学机动单位"，以履行调查援助与保护、传染病防控及国际合作等多重职能。

五是公约核查机制议题存在严重分歧。美国等西方发达国家拒绝重启具有法律约束力的核查议定书谈判，认为通过同行评议、UNSGM 等措施可以有效加强公约机制。美国提交了"使用公约工具加强机制功能"的工作文件，提出通过 UNSGM 调查指称使用生物武器是最合适的机制。英国提出加强履约支持股（ISU）能力建设，扩大 CBM 宣布范围，以加强公约机制。俄罗斯与不结盟国家等认为全面加强具有法律约束力的核查具有现实意义，重启核查议定书谈判面临迫切需求。

（二）《禁止生物武器公约》缔约国会议

2019 年度《禁止生物武器公约》缔约国会议于 12 月 3 日至 6 日在联合国驻瑞士日内瓦办事处召开。来自 119 个缔约国的代表参加会议，4 个签约国、2 个观察员国代表及联合国裁军署、世卫组织、世界动物组织、红十字国际委员会、禁止化学武器组织、欧盟、非盟等 10 余个国际组织和近 30 个非政府组织及学术机构列席会议[6]。本次会议是公约新一轮会间会进程开展实质性工作的第二次缔约国会议，对于维护公约在国际安全中的地位、跟进全球生物安全治理转型具有重要意义。各方高度重视公约多边平台，63 个缔约国代表做一般性辩论发言，阐述各国政府推进公约多边进程、维护国际生物安全的立场关切和提案主张。经过反复磋商沟通和相互妥协，会议讨论并通过了解决财务预算问题方案，审议了科技发展、国际合作、国家履约、应急与援助及加强公约机制等年度专家组会报告。本次会议各方交锋激烈，集中反映出国际社会更加关切全球生物安全治理，更加倚重公约多边平台，更加积极谋求全球生物安全治理主导权，主要有以下动向。

一是公约地位作用受到高度重视。多数国家主张加强公约机制，以适应国际形势变化和生物科技发展，有效应对生物武器、生物恐怖、大规模传染病等威胁，促进生物科技和平利用，释放科技发展红利；同时认为，公约是多边体系重要支柱，加强公约机制对维护多边主义、实现共同安全意义重大。2020 年适逢公约生效 45 周年、《日内瓦议定书》达成 95 周年，多方倡议，应紧前筹备 2021 年公约第九次审议大会，推动大会取得积极成果，为公约长远发展奠定基础。

二是公约进程政治化趋势明显。美国等西方国家与俄罗斯和伊朗等不结盟国家交锋激烈，凸显公约进程政治化趋势日益增强，公约机制建设分歧巨大。美国反对重启具有法律约束力的核查议定书谈判，并会同西方国家推动开展履约"同行评议"，强化履约"建立信任措施"机制，力推"联合国秘书长调查机制"。发展中国家质疑或反对美国等上述立场，同时要求切实改变对发展中国家的歧视性做法，建立机制性安排，确保各国

6　2019 Meeting of States Parties[EB/OL]. [2019-11-24]. https://www.unog.ch/80256EE600585943/(httpPages)/5E4
4DF9F7FB5DE1AC12583BE00576666?OpenDocument

享受生物科技发展惠益。俄罗斯刻意绕开美方提交核心议题讨论情况书面总结，并要求列入会议最终报告，引发美国强烈不满及坚决反对，俄罗斯提议无果而终，凸显美俄激烈争夺全球生物安全治理主导权。

三是科技发展与管控获高度关注。主要大国主张加强对生物科技发展的审议，尤其关注合成生物学、基因编辑等领域的突破性进展，认为其潜在谬用风险逐步加大，研发、制造、获取生物武器的门槛大幅降低，呼吁规范生物科研活动，强化两用科技的安全风险评估和有效监管，加强生物安全实验室管理。中国系统介绍生物安全立法进展及规范生物安全实验室管理情况，呼吁成员国以开放心态共同推进《禁止生物武器公约》框架下"生物科学家行为准则"，获得巴西、日本、德国、伊朗等国积极支持。

四是生物安全国际合作引多方共鸣。美国等西方国家大力宣传其帮助发展中国家建立公共卫生体系、应对传染病疫情、加强专业人员培训等成果进展。欧盟强调高度重视发展中国家诉求，在资金、技术等方面注重持续投入，并着力推进区域合作。发展中国家对此积极回应，高度评价欧盟设立区域核生化防护示范中心、与非盟疾控中心合作加强公共卫生能力建设等举措。中国积极宣传在重大传染病防控及专业人员培训等方面开展国际合作与援助的成果，表达推进生物安全国际合作的良好愿望。

（军事科学院军事医学研究院　刘　术　李丽娟）

第三章

生物安全产品研发储备

2019年，各国围绕天花病毒、炭疽杆菌、埃博拉病毒、马尔堡病毒、登革病毒等重要烈性病原体的检测技术、疫苗研发及治疗药物研发开展大量研究，取得系列突破性研究进展。

一、生防产品研发

（一）生物威胁检测诊断设备与产品

1. 科学家开发出可用于检测病毒感染的新型技术

美国科罗拉多州立大学的一个研究小组已经开发出可以检测人体血液中极少量抗体的技术。研究人员使用人体头发直径1/4的小导线开发出一种传感器，可在20分钟内检测出至少10个抗体分子。相比之下，标准医学检测需要数十亿或数万亿的抗体分子进行检测，并且可能需要一天的时间来处理。这种高成本效益的仪器可以帮助临床医生更快地治疗疾病，并可以在资源匮乏的环境中使用。该团队研究的结果于2019年4月15日在 *Biosensors and Bioelectronics* 上发表[1]。

研究团队将与寨卡病毒和基孔肯亚病毒相关的蛋白质化学附着于小金线上，通过电线传输电流，在电线上产生类似于电池的电荷。研究人员随后添加了抗体以结合线上的病毒蛋白，这增加了线外部的质量，也提高了电线保持电荷的能力。然后，他们测量质量的变化，以量化导线表面上的抗体数量。研究人员表示，该技术确认病毒感染的特异性非常高。此外，研究小组未发现针对其他病毒的抗体有任何反应，避免了假阳性检测结果。该研究小组现在希望将这一发现与他们之前发表的病毒检测研究相结合，创建一个能够检测患者样本中病毒和抗病毒的单一系统，用于即时诊断，并且发展成一个简单的手持设备，可以在诊所或资源有限的地区使用。

2. 中国科学院动物研究所开发出快速精准的核酸检测技术

高效精准的核酸检测技术在传染病原检测、食品安全检疫和致病基因筛查等许多方面具有重要的应用。基于CRISPR的基因组编辑技术极大地革新了生物医学研究。除了

1　Wang L, Filer JE, Lorenz M, et al. An ultra-sensitive capacitive microwire sensor for pathogen-specific serum antibody responses[J], 2019,131: 46-52.

能够通过对基因组精准操控进行功能基因组学研究外，最近一些研究发现，CRISPR系统的某些效应蛋白，如Cas12a，在切割靶DNA后会获得切割非靶向单链DNA（ssDNA）的活性，从而能够用于快速简便地进行核酸检测，在传统的聚合酶链反应（PCR）和测序技术之外建立了一种新的核酸检测技术。中国科学院动物研究所李伟团队于2019年8月在 Genome Biology 发表文章[2]，发现Cas12b蛋白在激活之后同样具有任意切割ssDNA的特性，并开发出 CDetection（Cas12b-mediated DNA detection）检测系统，其可以用于微量DNA的简便快速检测。CDetection是集Cas12b蛋白、向导RNA、ssDNA荧光报告分子和等温重组酶聚合酶扩增（recombinase polymerase amplification，RPA）于一体的DNA快速检测系统。Cas12b蛋白在靶向切割RPA扩增目标DNA后激活ssDNA切割活性，任意切割ssDNA荧光报告分子，从而发出荧光信号。基于团队前期研究发现的Cas12b能够适应较广温度（25～60℃）和pH（1～8）的稳定性，CDetection系统相较Cas12a-DETECTR系统具有更高的灵敏度，可以实现灵敏DNA检测；同时，通过tgRNA（tuned gRNA）的引入，CDetection可以实现单碱基区分。利用CDetection系统，能够快速地实现细胞、血液、尿液与动植物中的细菌和病毒感染检测、基因分型及单核苷酸多态性（SNP）突变检测。

3. 美国生物医学高级研究与发展管理局资助研发新型寨卡病毒检测试剂盒

2019年6月6日，美国卫生与公共服务部（HHS）网站发表文章称，美国生物医学高级研究与发展管理局（Biomedical Advanced Research and Development Authority，BARDA）资助InBios公司研发的寨卡病毒诊断试剂盒"ZIKV Detect 2.0 IgM Capture ELISA"于2019年5月23日获得了美国FDA的授权[3]。2017～2019年，美国BARDA在寨卡病毒诊断技术、寨卡疫苗和减少寨卡病原体相关技术等方面进行了资助。在寨卡病毒病暴发早期，美国BARDA优先支持研发针对寨卡病毒特异性血清学（IgM）检测的试剂盒，其与InBios公司签订了金额为510万美元的合同，将资金用于研发检测寨卡病毒 IgM抗体的酶联免疫吸附测定（ELISA）诊断试剂盒，以及诊断试剂盒的制造准备和临床研究。2016年8月，InBios公司在美国FDA紧急使用授权下进行了寨卡病毒诊断试剂盒的第一次临床试验。此次美国FDA批准的ZIKV Detect 2.0 IgM Capture ELISA检测试剂盒在技术上进行了优化，能区分寨卡病毒IgM抗体与其他黄病毒（如登革病毒或西尼罗病毒）产生的抗体，提升了检测的特异度。该试剂盒还是第一个商业化的寨卡病毒诊断试剂盒，可以在寨卡病毒暴露后1周检测到早期的寨卡病毒免疫反应，检测样本为血液，4小时出检测结果。

4. 英国科研人员开发6小时识别病原体的纳米孔宏基因组学方案

英国东安格利亚大学的科学家成功开发了一种宏基因组学检测的研究方法。该优化后的研究方案针对细菌性下呼吸道感染，可从临床呼吸道样本中去除高达99.99%的宿主核酸，并利用纳米孔测序的实时检测在6小时内准确识别病原体和抗生素抗性基因。

2　Teng F, Guo L, Cui T, et al. CDetection: CRISPR-Cas12b-based DNA detection with sub-attomolar sensitivity and single-base specificity[J]. Genome Biology, 2019, 20(1): 132.

3　Zika Virus Diagnostic Development[EB/OL]. [2019-11-24]. https://www.fda.gov/emergency-preparedness-and-response/ mcm-issues/zika-virus-diagnostic-development

Nature Biotechnology 于2019年7月以封面文章的形式刊登了该项研究[4]。临床宏基因组学测序研究是一种从单个样本中获得的多种生物的基因组分析。相对于细菌培养，宏基因组测序可以更快地鉴定细菌性下呼吸道感染病原体。在呼吸道样本中存在大量人类DNA，需要使用特定方法去除。该研究克服了一些迄今为止阻碍临床宏基因组学广泛应用的障碍，包括从患者提供的样品中快速有效地去除人类DNA的方法步骤，只留下病原体DNA用于测序。研究人员开发的是一种能够用于细菌性下呼吸道感染研究的宏基因组学方法，该方法同时兼容了使用皂苷（saponin）进行有效宿主DNA移除和实时纳米孔测序检测的特点。该方法首先对来自疑似下呼吸道感染患者的40个样本进行了可行性研究。在对方法进行优化改进和优化后，对另外41个呼吸道样本进行测试。研究人员使用便携式MinION测序装置促进实时测序、数据生成和分析，并将样品到结果的时间缩短至6小时。该测序装置的便携性意味着它可以更靠近患者使用，减少了将样品送到中心实验室所花费的时间。与培养法相比，优化的方法对病原体检测的敏感度为96.6%，特异度为41.7%，可以准确检测抗生素抗性基因。在确认定量PCR和pathobiont特异性基因分析后，特异度和灵敏度增至100%。这表明纳米孔宏基因组学可以在细菌性下呼吸道感染研究中快速准确地鉴定病原菌，并可能利于减少广谱抗生素的使用。

（二）生防疫苗研发进展

1. 赛诺菲和默沙东六价疫苗 Vaxelis 获批

赛诺菲于2018年12月6日宣布，美国FDA已批准六价疫苗Vaxelis[5]，这是一种全液体、即用型六联疫苗，用于6周龄的婴儿至4岁的儿童（5岁生日之前）预防白喉、破伤风、百日咳、脊髓灰质炎、乙型肝炎及由B型流感嗜血杆菌引起的侵袭性疾病。该疫苗是赛诺菲与默沙东战略合作的一部分，目前双方正在致力于最大限度提高Vaxelis的生产，以实现可持续的疫苗供应，满足预期的美国市场需求。根据赛诺菲发布的一份声明，Vaxelis在美国市场的完全商业化供应时间不会早于2020年。在欧盟，Vaxelis已于2016年5月获得批准，用于大于6周龄的婴幼儿，预防6种不同的疾病。Vaxelis是默沙东与赛诺菲疫苗部门赛诺菲巴斯德（Sanofi Pasteur）于1991年在美国建立的合作伙伴关系的结果，借鉴了两家公司在单苗和联合疫苗的开发、制造和销售方面的经验。该疫苗包括了来自赛诺菲的白喉、破伤风、百日咳和脊髓灰质炎的抗原，以及来自默沙东的B型流感和乙型肝炎抗原。

2. 科学家开发炭疽、鼠疫两用疫苗

美国天主教大学、美国国立卫生研究院和美国得克萨斯大学的相关研究人员利用T4噬菌体设计了一种病毒纳米颗粒疫苗，可同时有效抵抗炭疽和鼠疫两种传染病，成为基因工程多剂疫苗研发的重要里程碑。研究成果在2018年9月发表于美国微生物学

4　Charalampous T, Kay GL, Richardson H, et al. Nanopore metagenomics enables rapid clinical diagnosis of bacterial lower respiratory infection[J]. Nature Biotechnology, 2019, 37: 783-792

5　FDA Approves VAXELIS™, Sanofi and Merck's Pediatric Hexavalent Combination Vaccine[EB/OL]. [2019-11-12]. http://www.news.sanofi.us/2018-12-26-FDA-Approves-VAXELIS-TM-Sanofi-and-Mercks-Pediatric-Hexavalent-Combination-Vaccine

会开放期刊 *mBio*[6]。为了开发针对炭疽杆菌和鼠疫杆菌的T4噬菌体疫苗，研究人员利用体外组装系统，在T4噬菌体的头部衣壳排列了炭疽杆菌和鼠疫杆菌抗原，抗原包括炭疽保护抗原（PA）和突变的荚膜抗原F1及鼠疫杆菌3型分泌系统的低钙反应V抗原（Flmut V）。研究人员构建了三个重组体，重组后的T4噬菌体呈现了良好的疫苗特性。研究人员构建的病毒纳米颗粒引发了强烈的炭疽和鼠疫特异性免疫反应，并在小鼠、大鼠和兔三种不同动物模型中，提供了针对吸入性炭疽和（或）肺鼠疫的完全保护。即使动物同时受到致命剂量的炭疽致死毒素和鼠疫杆菌的攻击，接种疫苗的动物也得到了完全的保护。

3. 美国流行病防范创新联盟资助开发尼帕病毒疫苗

2019年8月13日，美国流行病防范创新联盟（CEPI）与公共卫生疫苗公司达成价值4360万美元协议，将资金用于rVSV-尼帕病毒疫苗的开发和生产。rVSV-尼帕病毒疫苗由美国国立过敏和传染病研究所病毒学实验室的Heinz Feldmann博士开发，其研究小组已证实rVSV-尼帕病毒疫苗在各种临床前研究中具有保护作用。根据协议条款，CEPI将资助疫苗的临床前研究和生产[7]。

4. 美军中东呼吸综合征疫苗研发取得进展

据美国陆军华尔特里德研究所网站2019年7月25日报道，一项中东呼吸综合征冠状病毒（MERS-CoV）候选疫苗在I期人类首次临床试验中被证明安全、耐受性良好并能诱导强大的免疫反应。该试验的初步成果发表在《柳叶刀·传染病》上[8]。该研究在美国陆军华尔特里德研究所临床试验中心进行。研究评估了由韩国真元生命科学公司（GeneOne Life Science,Inc.）和Inovio制药公司联合开发的候选DNA疫苗（GLS-5300）。尽管先前已经测试了其他候选疫苗在骆驼中的反应，但这是第一个在人体中测试的候选疫苗。75名健康成人志愿者在3个时间点（初始、1个月、3个月）接受3种剂量的候选疫苗之一，并在最终疫苗接种后随访1年。实验人员使用电脉冲预防接种疫苗，将疫苗诱导的免疫反应与从天然MERS-CoV感染中恢复的个体进行比较。结果显示，GLS-5300 MERS-CoV疫苗耐受性良好，无重大副作用。仅两次疫苗接种后，超过85%的志愿者对MERS-CoV表现出可检测到的免疫反应。该免疫反应在整个研究过程中持续存在，其强度与天然MERS-CoV感染幸存者中观察到的反应相似。鉴于美国在中东和韩国等中东呼吸综合征疫情地区均有部队部署，军人特别容易受到中东呼吸综合征的威胁，这项研究对于美国陆军来说是一项重要的进展。

GLS-5300是DNA疫苗的候选产品，可以快速设计和生产，以应对新出现的传染病。GLS-5300在成为临床前候选疫苗后的9个月内进入了临床。这项研究由美国陆军部和韩国疫苗企业真元生命科学公司资助，并在美国陆军华尔特里德研究所进行。

---

6   Tao P, Mahalingam M, Zhu J, et al. A bacteriophage T4 nanoparticle-based dual vaccine against anthrax and plague[J]. mBio, 2018, 9:e01926-18.

7   https://cepi.net/news_cepi/cepi-awards-up-to-us43-6-million-to-public-health-vaccines-llc-for-development-of-a-single-dose-nipah-virus-vaccine-candidate/

8   https://www.thelancet.com/journals/laninf/article/PIIS1473-3099(19)30266-X/fulltext

5.美国马里兰大学开展流感疫苗临床试验

据Global Biodefense网站2019年9月21日报道，美国马里兰大学医学院的疫苗开发和全球健康中心（CVD）宣布，与美国国立过敏和传染病研究所（NIAID）签署合同开展流感疫苗临床试验，如果合同顺利执行，7年内的拨款将超过2亿美元[9]。CVD的研究旨在对季节性流感疫苗进行改进，并对美国NIAID的合作流感病毒疫苗创新研究中心（CIVICS）的项目进行研究。它的最终目标是开发一种通用疫苗，以预防新出现的流感毒株。此项目建立在CVD数十年临床疫苗研究的基础上，CVD除了进行流感和其他疾病的疫苗试验，还在研究预防疟疾、炭疽、登革热、埃博拉出血热、脑膜炎和汉坦病毒病的疫苗。

6.美国国立卫生研究院投1.29亿美元资助HIV疫苗的测试和开发

据News-Medical.Net网站2019年7月11日报道，美国联邦政府承诺向斯克里普斯研究所提供1.29亿美元的资助用于多级新型人类免疫缺陷病毒（HIV）疫苗的开发和检测，这项研究工作将由人类免疫缺陷病毒/艾滋病（HIV/AIDS）疫苗开发联盟（CHAVD）开展[10]。CHAVD的主管Dennis Burton表示，斯克里普斯研究所将在受资助的7年里获得大约一半的资金，其余的资金将分配给13个其他的CHAVD组织成员，其中包括4个国外的项目。美国NIAID将会利用获得的资助将此前7年的研究成果付诸实践，研究人员将会利用一系列方法训练机体免疫系统，使其产生强大的抗体以中和广泛的HIV毒株。研究者表示，完整的过程可能需要大概9个月时间，每次的剂量会间隔几个月，研究者会在疫苗接种的每个阶段评估患者机体的免疫应答，从而制定出精确的时间表；Burton称，从2018年9月就开始启动了免疫接种反应的研究。基于此前的项目资助，研究人员已经阐明了人类机体免疫系统如何有效抵御HIV。在其中一部分工作中，研究者重点理解了广谱中和性抗体如何阻断HIV感染，而其他研究人员则重点关注机体如何制造这些抗体。目前研究人员分析了这种顺序免疫接种的方法是否能在动物机体中发挥作用。研究者认为，在100万个天然产生抗体的B细胞中，只有1个能够产生广谱中和性抗体，因此目前的问题就是机体大部分免疫系统是否能够产生足够的有用B细胞，或者这种能力是否仅限于少数人。研究者表示，可能在大多数人群机体中，这些细胞都需要进一步暴露于HIV相关的免疫刺激物中才能够成熟，而多阶段疫苗的设计就是为了达到这一目的。

7.埃博拉疫苗研发取得多项进展

《传染病学》（*The Journal of Infectious Diseases*）2019年10月11日发表美国诺瓦瓦克斯医药公司、德国马尔堡大学和美国陆军传染医学研究所研究人员联合撰写的文章，研究人员对重组埃博拉病毒糖蛋白（EBOV GP）纳米疫苗开展Ⅰ期临床试验，纳入230名健康成年人，评估疫苗的安全性和免疫原性。结果表明，含基质M辅助剂的EBOV

9　Center for Vaccine Development Awarded up to $201M to Establish Influenza Clinical Core[EB/OL]. [2019-11-24]. https://globalbiodefense.com/?s=CVD

10　Scripps CHAVD wins $129 million NIH grant to advance new HIV vaccine approach[EB/OL]. [2019-11-24]. https://www.news-medical.net/news/20190711/Scripps-CHAVD-wins-24129-million-NIH-grant-to-advance-new-HIV-vaccine-approach.aspx

GP疫苗具有良好的耐受性，表现出强且持久的免疫反应[11]。

2019年11月11日，默沙东公司的Ervebo（V920）通过欧洲药品管理局（EMA）批准，成为欧洲首款获批上市的埃博拉病毒疫苗[12]。欧洲药品管理局人用药品委员会有条件地批准Ervebo用于预防18岁及以上人群因埃博拉病毒引起的感染，默沙东公司将在德国工厂开始生产，预计在2020年第三季度开始供货。美国FDA于12月19日宣布批准首个预防性埃博拉病毒疫苗Ervebo，它可以在18岁以上人群中预防因扎伊尔型埃博拉病毒引起的埃博拉病毒病[13]。Ervebo是一种基因工程减毒活疫苗，已在非洲、欧洲和美国大约16 000名受试者中进行了试验，证明该疫苗的安全性和免疫原性，该疫苗在当前刚果（金）的埃博拉疫情中使用效果良好。

2019年12月6日，东京大学河冈义裕研究团队开发的日本首个埃博拉病毒疫苗于12月开始人体临床试验，以确认其安全性和有效性。该疫苗为灭活疫苗，研究团队之前成功进行了动物试验，对12只猴子进行疫苗接种后，将其暴露在致死剂量的埃博拉病毒中，结果显示猴子全部存活且未出现感染症状。人体临床试验在30名成年健康男性中进行，第一阶段将对其中15人进行疫苗接种，若无副作用，将对另外15人进行更大剂量的疫苗接种并观察，以了解疫苗安全性和在人体内的抗体产生情况。日本长崎大学病毒学教授安田二郎指出，埃博拉出血热的致死率极高，研制疫苗是当务之急，该疫苗的成功研制在人类防控埃博拉出血热道路上做出了重大贡献。

8. 美国多家机构开展寨卡病毒疫苗研发

2019年6月3日报道，美国国防部宣布将在未来3年内向得克萨斯州生物医学研究所资助200万美元，用于研究一种有前景的实验性寨卡病毒疫苗。狒猴将作为这次研究的动物模型[14]。

Moderna公司于8月19日宣布美国FDA授予其在研的寨卡病毒疫苗mRNA-1893快速通道资格。目前公司正在对健康成年人开展Ⅰ期临床试验，评估mRNA-1893预防寨卡病毒感染的效果。之前的研究表明，在小鼠妊娠期间，mRNA-1893可以防止寨卡病毒传播[15]。

9. 日本武田制药公司研发的登革热疫苗进入Ⅲ期临床试验

日本武田制药公司于2019年1月29日宣布该公司研发的登革热候选疫苗TAK-003

11 Fries L, Cho I, Krähling V, et al. A Randomized, Blinded, Dose-Ranging Trial of an Ebola Virus Glycoprotein (EBOV GP) Nanoparticle Vaccine with Matrix-M™ Adjuvant in Healthy Adults [J]. Journal of Infectious Disease, 2019, doi:10.1093/infdis/jiz518

12 Merck Announces FDA Approval for ERVEBO® (Ebola Zaire Vaccine, Live)[EB/OL].[2019-11-21].https://investors.merck.com/news/press-release-details/2019/Merck-Announces-FDA-Approval-for-ERVEBO-Ebola-Zaire-Vaccine-Live/default.aspx

13 First FDA-approved vaccine for the prevention of Ebola virus disease, marking a critical milestone in public health preparedness and response[EB/OL].[2019-11-21].https://www.fda.gov/news-events/press-announcements/first-fda-approved-vaccine-prevention-ebola-virus-disease-marking-critical-milestone-public-health

14 New $2 million DOD grant funds Zika vaccine testing at Texas Biomed[EB/OL].[2019-11-21].https://www.eurekalert.org/pub_releases/2019-06/tbri-nm060319.php

15 Moderna receives FDA fast track designation for Zika vaccine mRNA-1893[EB/OL]. [2019-08-19].https://investors.modernatx.com/news-releases/news-release-details/moderna-receives-fda-fast-track-designation-zika-vaccine-mrna

正在进行Ⅲ期临床试验，对居住在登革热流行国家的儿童和青少年有预防效果，且耐受性较好，没有明显安全问题[16]。

10. 登革热疫苗研发取得进展

美国FDA于2019年5月1日批准了全球首个登革热疫苗Dengvaxia[17]，将其用于9～16岁儿童，这些儿童至少经历过一次实验室确诊的感染，并居住在流行区。

2019年，美国陆军与赛诺菲巴斯德公司继续合作开发四价登革热疫苗（Dengvaxia）[18]。在流行地区（泰国、菲律宾）进行的Ⅲ期临床研究中，有40 000多名志愿者接种了疫苗。赛诺菲巴斯德公司已经在多个国家获得疫苗注册，并计划向美国FDA提交生物制品注册申请。然而，美军医学专家组在对数据进行核查时，认为该疫苗不适合广泛用于军队。目前，美国陆军正与日本武田制药公司合作，开发四价登革热疫苗，并在泰国和菲律宾开展Ⅲ期临床试验。

11. 比尔及梅琳达·盖茨基金会资助开发脊髓灰质炎疫苗

Batavia Biosciences公司于2019年9月16日宣布从比尔及梅琳达·盖茨基金会获得650万美元的资助，用于发展针对脊髓灰质炎病毒2型的新型口服疫苗（nOPV）的生产工艺，生产减毒且安全的疫苗[19]。该疫苗是首个通过临床开发的nOPV。

12. 北欧巴伐利亚公司研发痘病毒疫苗

2019年9月24日，美国FDA批准一种新型痘病毒疫苗，将其用于在具有高感染风险的成年人（18岁以上）中预防天花和猴痘相关疾病[20]。该疫苗名为Jynneos，由北欧巴伐利亚公司开发，经美国陆军传染病医学研究所（USAMRIID）测试。Jynneos是一种皮下注射悬浮液，每瓶0.5ml，分2次给药，间隔4周。

13. 美军启动马尔堡病毒疫苗临床试验

2019年1月，美国陆军华尔特里德研究所启动首个马尔堡病毒疫苗（VRC-MARADC087-00-VP）Ⅰ期临床试验，评估其在成人中的安全性和免疫原性[21]。前期研究显示，该疫苗效果良好。该疫苗由美国国立过敏与传染病研究所（NIAID）和美国国立卫生研究院疫苗研究中心（VRC）联合开发，是一种重组黑猩猩腺病毒3型载体疫苗。

---

16 Takeda's Dengue vaccinc candidate meet primary endpoint in pivotal phase3 efficacy trial[EB/OL].[2019-01-29].https://www.takeda.com/newsroom/newsreleases/2019/takedas-dengue-vaccine-candidate-meets-primary-endpoint-in-pivotal-phase-3-efficacy-trial/

17 First FDA-approved vaccine for the prevention of dengue disease in endemic regions[EB/OL].[2019-11-21].https://www.fda.gov/news-events/press-announcements/first-fda-approved-vaccine-prevention-dengue-disease-endemic-regions?utm_campaign=050119_PR_First%20FDA-approved%20vaccine%20for%20prevention%20of%20dengue%20in%20endemic%20areas&utm_medium=email&utm_source=Eloqua

18 dengue tetravalent vaccine (live, attenuated) [EB/OL].[2019-11-21].https://www.ema.europa.eu/en/medicines/human/EPAR/dengvaxia

19 $6.5M grant to take next step towards polio-free world[EB/OL].[2019-11-21].https://www.bataviabiosciences.com/news/manufacturing-process-for-polio-free-world/

20 FDA Approves Jynneos (Smallpox and Monkeypox Vaccine, Live, Non-replicating) for Prevention of Smallpox and Monkeypox Disease in Adults[EB/OL].[2019-11-21].https://www.drugs.com/newdrugs/fda-approves-jynneos-smallpox-monkeypox-vaccine-live-non-replicating-prevention-smallpox-monkeypox-5061.html

21 Marburg vaccine: Walter Reed Army Institute of Research begins phase 1 clinical trial[EB/OL].[2019-11-21].https://healthybuilds.com/marburg-vaccine-walter-reed-army-institute-of-research-begins-phase-1-clinical-trial/

14. 美军委托地方公司开发生产腺病毒疫苗

2019年，美军委托PaxVax公司启动了腺病毒疫苗工艺改造及生产项目[22]。腺病毒疫苗经现代化生产改造后，在保证疫苗效果的同时，成本与风险降低。PaxVax公司使用微喷雾干燥器改良活性疫苗的喷雾干燥工艺，可将两种类型疫苗封装到同一胶囊中并保证其活性，降低疫苗50%的包装及物流成本。还研发了同时测定两种疫苗活性的分析方法。此前，美军仅有一家腺病毒疫苗供应商，即巴尔实验室公司（美国TEVA制药公司的子公司），年采购金额约3200万美元。

15. 美国公布基孔肯亚病毒疫苗Ⅱ期临床结果

2019年11月，美国Emergent BioSolution公司公布了其候选基孔肯亚病毒样颗粒（CHIKV VLP）疫苗Ⅱ期临床研究结果[23]。数据显示，接种第一剂疫苗后，多达98%的受试者在接种疫苗后7天内产生了中和病毒的抗体反应。单次给药后，免疫反应至少持续1年。2020年，该公司将启动后续临床试验。该药获得了欧洲、美国药品监督管理部门的优先审评资格[24]。

16. 疟疾疫苗完成临床试验

美国国防部、葛兰素史克公司和比尔及梅琳达·盖茨基金会合作研发的疟疾候选疫苗（RTS,S）已在非洲完成临床试验。2019年，研究人员继续改良使用剂量和使用疗程，实现用量减少80%，有效率提高至近90%[25]。另一种候选疫苗PfSPZ也已完成临床试验。该候选疫苗由美国国防部、Sanaria公司、美国国立卫生研究院和欧洲与非洲研究人员联合开发。PfSPZ候选疫苗是一种辐射减毒的活疫苗，已显示出与RTS,S疫苗相似的功效[26]。

17. 美国启动新型炭疽疫苗Ⅲ期临床试验

2019年3月，美国Emergent BioSolutions公司启动新型炭疽疫苗（AV7909）的Ⅲ期临床试验，评估其批次一致性、免疫原性和安全性[27]。AV7909是用CPG 7909佐剂吸

---

22   U.S. military recruits still need adenovirus vaccine[EB/OL].[2019-11-21].https://homelandprepnews.com/countermeasures/33301-u-s-military-recruits-still-need-adenovirus-vaccine/

23   Emergent's Chikungunya Vaccine Candidate Gets EMA's PRIME Tag[EB/OL].[2019-11-21].https://finance.yahoo.com/news/emergents-chikungunya-vaccine-candidate-gets-165304993.html

24   Emergent BioSolutions Announces Interim Results From Phase 2 Study Evaluating CHIKV-VLP, Chikungunya Virus Vaccine Candidate[EB/OL].[2019-11-21].https://www.globenewswire.com/news-release/2019/04/16/1804556/0/en/Emergent-BioSolutions-Announces-Interim-Results-From-Phase-2-Study-Evaluating-CHIKV-VLP-Chikungunya-Virus-Vaccine-Candidate.html

25   RTS,S malaria vaccine pilots in three African countries[EB/OL].[2019-11-21].https://www.thelancet.com/journals/lancet/article/PIIS0140-6736%2819%2930937-7/fulltext

26   https://www.marketwatch.com/press-release/the-government-of-equatorial-guinea-us-energy-companies-and-sanaria-sign-agreements-to-extend-support-for-clinical-development-of-pfspz-vaccine-for-malaria-and-a-pathway-towards-malaria-elimination-on-bioko-island-2019-04-10

27   Emergent BioSolutions Announces Exercise by BARDA of the First Contract Option, Valued at $261 Million, to Procure Doses of AV7909 Anthrax Vaccine Candidate for the Strategic National Stockpile[EB/OL].[2019-11-21].https://www.globenewswire.com/news-release/2019/07/30/1894099/0/en/Emergent-BioSolutions-Announces-Exercise-by-BARDA-of-the-First-Contract-Option-Valued-at-261-Million-to-Procure-Doses-of-AV7909-Anthrax-Vaccine-Candidate-for-the-Strategic-National.html

附的炭疽疫苗，预期将比现有炭疽疫苗（Emergent BioSolutions公司生产的BioThrax，是美国目前唯一获批的炭疽疫苗）具有更快的免疫应答，成人给药方案为分2次肌内注射。

18.美国批准首个天花和猴痘非复制型活疫苗

2019年9月24日，Bavarian Nordic公司宣布，美国FDA已批准该公司Jynneos疫苗上市，将其用来预防18岁以上高危成年人感染天花和猴痘[28]。Jynneos疫苗是美国FDA批准的唯一一款非复制型天花疫苗，也是世界上唯一一个获批的猴痘疫苗。传统天花疫苗是在可复制牛痘病毒基础上开发的，对免疫系统减弱的人群可能产生严重副作用。而Jynneos疫苗是不可复制增殖的弱化牛痘病毒，无法在人体中复制，但仍能激发强力免疫反应。因此Jynneos疫苗可扩大接种范围，旨在让所有人都免受天花感染。

19.美国资助开发快速疫苗生产平台

2019年10月4日，美国国立过敏与传染病研究所和Greffex公司签订合同，合同总额高达1870万美元。根据合同，该公司将开发GreVac即插即用技术（一种快速疫苗生产技术）平台，以加快生产生物防御和新兴传染病候选疫苗，应对自然或人为新兴传染病威胁。该技术平台是一种快速灵活的即插即用疫苗架构，是基于GreGT基因工程技术开发得到的，兼具通用性和速度优势，有助于优化当前的传染病免疫保护模式，如改进候选疫苗储存和特定疫苗生产等。当前美国十分关注疫苗生产技术，此类技术一旦获得突破性进展，必将成为应对新兴传染病、提升生物防御能力的重要手段。

（三）国外生防药品研发进展

1.两种已有药物可用于治疗类鼻疽

2019年9月11日，美国加州大学洛杉矶分校发现两种已有药物有助于治疗类鼻疽，且已经进行了人体细胞实验和小鼠实验。一种药物是已被美国FDA批准的抗真菌药物氟胞嘧啶，另一种是新合成的抗生素氟喹诺酮类似物伯克沙星。类鼻疽是一种热带疾病，由类鼻疽伯克霍尔德菌引起，该细菌具有致命性且被美国疾病控制与预防中心列为潜在生物战剂。据统计，每年全世界近9万人死于该病，目前没有针对该病的疫苗。

2.埃博拉出血热防治药物研发取得突破

《自然·通讯》（*Nature Communications*）于2019年1月10日发表文章称，研究人员发现，两种广泛的中和性埃博拉病毒单克隆抗体（mAbs）FVM04和CA45的混合物，能保护非人灵长类动物在感染后4天免受埃博拉病毒的侵袭[29]。

继2019年9月6日美国Ridgeback Biotherapeutics公司新型埃博拉病毒感染治疗药物mAb114获美国FDA"突破性疗法"认定后，2019年9月24日，美国生物医学高级研究与发展管理局计划提供1400万美元资金，以推进该公司对mAb114药物的开发，并支

28　FDA approves first live, non-replicating vaccine to prevent smallpox and monkeypox[EB/OL].[2019-11-21]. https://www.fda.gov/news-events/press-announcements/fda-approves-first-live-non-replicating-vaccine-prevent-smallpox-and-monkeypox

29　Post-exposure immunotherapy for two ebolaviruses and Marburg virus in nonhuman primates[EB/OL].[2019-11-21].https://www.ncbi.nlm.nih.gov/pubmed/30631063

持其向美国FDA申请许可[30]。mAb114是一种单克隆抗体，通过与病毒蛋白结合发挥作用，从而降低病毒感染人类细胞的能力。该药物最初由美国国立过敏与传染病研究所疫苗研究中心、美国陆军传染病研究所和刚果国家自然科学研究所合作开发，目前正在刚果（金）进行一项名为PALM的临床试验，以对抗埃博拉疫情。该项资助将进一步推进药物审批过程。

在刚果（金）第十次疫情中，首次使用试验性药物mAb114、Remdesivir、ZMapp和Regn3450-3471-3479治疗埃博拉出血热患者。刚果（金）国家生物医学研究所和美国国立卫生研究院国立过敏与传染病研究所共同对四种药物疗效进行研究。初步数据表明，Regeneron和mAb114效果比其他两种药物更好[31]。

3. 美军研发利什曼病治疗药物

美军正研发的外用利什曼病治疗乳膏加入抗生素巴龙霉素作为活性成分。这项工作由美国陆军医疗物资局（USAMMA）制药系统项目管理办公室负责，目前已经完成临床试验，正在准备新药申请，并寻求商业合作伙伴对该产品进行商业化生产和经营。类似产品是由Advantar Laboratories公司制造的外用乳膏，美国FDA批准将其用于治疗无并发症的皮肤利什曼病，每天1次，持续使用20天[32]。新研发的药物没有现有抗利什曼病药物的毒副作用，可战场使用，官兵无须医疗后送或中断正常服役。

二、生物防御战略储备

（一）美国政府加强部署生物盾牌计划

生物盾牌计划是美国政府为应对化生放核大规模杀伤性武器威胁，特别是日益严峻的生物安全威胁，启动的一项产品研发计划，目标是在国家发生重大灾难时紧急提供医疗应对产品。2019年6月，美国国会采取行动进一步加强了生物盾牌计划，将其作为2019年《流行病和全面灾害防范以及创新推进法案》（PAHPAIA）的一部分，增加了经费预算，并为产品开发提供十年资金。根据美国生物盾牌计划管理官员的介绍，该计划未来发展的基本考虑主要包括以下几个方面。一是兼顾平战用途开发，支持具有商业市场潜力的新产品研发，与公司合作，扩大核化生防护产品的平时适应证研究；二是协调美国联邦机构职能，由商业公司、美国国防部或美国国立卫生研究院早期研发成功后再转由美国生物医学高级研究与发展管理局支持后期开发；三是以加强全球卫生安全为名，注重利用全球资源开发生物盾牌计划支持的医疗产品。

（二）美国政府巨资采购应对天花药物

美国《国土准备新闻》（*Homeland Preparedness News*）于2019年6月3日发文

30　Safety, tolerability, pharmacokinetics, and immunogenicity of the therapeutic monoclonal antibody mAb114 targeting Ebola virus glycoprotein (VRC 608): an open-label phase 1 study[EB/OL].[2019-11-21].https://www.ncbi.nlm.nih.gov/pubmed/30686586

31　Ebola outbreak treatment trial narrowed to two promising drugs[EB/OL].[2019-11-21].http://www.cidrap.umn.edu/news-perspective/2019/08/ebola-outbreak-treatment-trial-narrowed-two-promising-drugs

32　Leishmaniasis Workup[EB/OL].[2019-11-12].https://emedicine.medscape.com/article/220298-workup

称，美国卫生与公共服务部（HHS）同Emergent BioSolutions 公司签署了一份为期10年，价值5.35亿美元的合同，向美国国家战略储备库提供牛痘免疫球蛋白静脉注射药物（VIGIV）[33]。VIGIV是Emergent BioSolutions公司通过其超免疫平台研发的药物，目前是唯一获得美国FDA批准治疗天花疫苗接种并发症的药物。美国卫生与公共服务部于2018年2月签署了一份价值2600万美元的合同，按照每10 000剂天花疫苗对应一剂VIGIV的比例进行战略储备。该合同内容包括血浆收集、药品生产和交付，第1年，Emergent BioSolutions公司将使用美国政府提供的血浆生产VIGIV，之后9年由Emergent BioSolutions公司负责血浆采集和药品生产工作。

（军事科学院军事医学研究院　李丽娟　王　磊　刘　术　陈　婷　毛秀秀）
（中国人民解放军疾病预防控制中心　李晓倩）
（山东省科学院情报研究所　王　燕　崔姝琳　魏惠惠　倪晓婷　徐盈娟
王金枝　管旭舟）

33　https://investors.emergentbiosolutions.com/news-releases/news-release-details/emergent-biosolutions-awarded-10-year-hhs-contract-valued

2

第二篇

专题分析报告

第四章

美国政府发布《全球卫生安全战略》

2019年5月9日，美国特朗普政府发布《全球卫生安全战略》（以下简称《战略》）[1]。《战略》全文共32页，内容分为五部分，分别阐述了《战略》的愿景和目标，美国政府促进全球卫生安全的措施，美国疾病控制与预防中心和国际开发署采取措施加速提高目标国家能力，美国政府的全球卫生安全活动，各机构间的协调及机构的角色。本文简要介绍《战略》的主要内容，并分析了其主要特点。

一、《战略》主要内容概述

（一）愿景和目标

《战略》阐述其愿景为美国与国际合作伙伴密切合作，预防、发现和应对国内外传染病威胁，无论是自然发生的、意外的还是故意传播的。《战略》概述了美国政府加强全球卫生安全的措施，包括提高美国合作伙伴国家预防、发现和应对传染病暴发的能力。《战略》为《国家安全战略》和《国家生物防御战略》提供支持，并进一步阐述了美国如何实现在国内外预防、发现和应对传染病威胁，以及美国政府如何在国内实施国家安全战略优先行动——"从源头发现和控制生物威胁"和"加强应急响应"。这些都是全球卫生安全体系的组成部分。

（二）美国政府促进全球卫生安全的措施

促进全球卫生安全，尽早发现和应对疫情暴发是美国《战略》的核心原则之一。过去20年中，美国政府扩大了在全球卫生领域的领导地位，实施针对疾病的全球卫生计划，如全球根除脊髓灰质炎行动、总统防治艾滋病紧急救援计划（PEPFAR）和总统疟疾倡议（PMI）等。《战略》制定了3个目标：加强合作伙伴国家的全球卫生能力；加强对全球卫生安全的国际支持；充分准备并能够抵御全球卫生威胁的设施。

1. 加强合作伙伴国家的全球卫生能力建设

美国政府将继续通过全球卫生安全议程（GHSA）与包括国家、多边组织和非政府

1　United States Government Global Health Security Strategy[EB/OL].[2019-11-21].https://www.whitehouse.gov/wp-content/uploads/2019/05/GHSS.pdf

利益攸关方在内的合作伙伴开展协作，以加强和维持预防、发现和应对传染病威胁的能力，在实现《国际卫生条例》核心公共卫生能力方面取得进展，同时支持《禁止生物武器公约》，联合国安理会第1540号决议，以及其他国际框架的履约和遵约。

2. 加强对全球卫生安全的国际支持

美国将通过全球卫生安全议程引领国际合作，在多边、双边和国内推进卫生安全优先事项。2018年11月，全球卫生安全议程多边倡议再次启动，为期5年（2019～2024年）。修订的全球卫生安全议程框架为实施全球卫生安全制定了全球目标。

3. 充分准备并建立能够抵御全球卫生威胁的家园

美国政府将继续建立更有效的准备和应对机制，加强医疗对策研究，规划应急响应期间的临床试验，加强公共卫生措施沟通，加强和维持流行病学监测、实验室诊断及其他技术领域的关键卫生安全能力。2016年5月，美国开展了联合外部评估。2018年10月18日发布了《美国卫生安全国家行动计划》，计划总结并汇集联合外部评估框架相关部门的意见。

（三）美国疾病控制与预防中心和国际开发署采取措施加速提高目标国家能力

美国疾病控制与预防中心和国际开发署一直是美国政府全球卫生安全议程能力建设活动的主要实施者。美国疾病控制与预防中心和国际开发署将继续协助全球卫生安全议程伙伴国遵守《国际卫生条例》，促进各国发展符合世卫组织联合外部评估工具中规定指标的能力。美国政府与其他国家和国际组织合作，在国家立法、政策和投资、抗生素耐药性、人畜共患病、生物安全和生物安保、免疫接种、疾病监测、疾病报告等16个联合外部评估技术领域协助提高伙伴国能力。截至2019财年，美国政府将继续支持其17个全球卫生安全议程伙伴国：孟加拉国、布基纳法索、喀麦隆、科特迪瓦、埃塞俄比亚、几内亚、印度、印度尼西亚、肯尼亚、利比里亚、马里、巴基斯坦、塞内加尔、塞拉利昂、坦桑尼亚、乌干达和越南。2019财年之后，美国政府将使用基于证据、风险和可行性的流程来确定地理优先级别，对援助国家进行调整。

（四）美国政府的全球卫生安全活动

1. 应对国际疫情

美国政府将通过几个机制继续监测和应对国际疫情，包括美国疾病控制与预防中心的全球疾病检测行动中心、美国疾病控制与预防中心的传染病快速反应储备基金和美国国际开发署的传染病疫情应急储备基金。美国政府将继续部署科学家，以支持疫情应对或专业知识需求（如抗生素耐药性、寨卡病毒病、猴痘和黄热病）。美国疾病控制与预防中心可以通过其全球快速反应小组及世卫组织的全球疫情暴发响应网络来部署技术专家。

2. 人道主义紧急情况下的传染病应对

美国国际开发署的对外灾害援助办公室（OFDA）承担美国政府在国际人道主义应对方面的牵头协调作用。当传染病暴发时，美国OFDA在美国疾病控制与预防中心和国际开发署及其他部门的技术支持下，充当美国政府应对工作的主要协调者。美国OFDA可能在华盛顿特区启动一个响应管理团队，并在受灾地区启动灾害救援响应队，以支持美国政府的响应。

3. 科学研究

美国支持正在进行的对多种传染病的持续性研究，并将在可行的情况下制订应急响应研究计划，如迅速实施针对此类流行病的医学临床试验。紧急响应期间的研究通常是明确疫苗、治疗或诊断的安全性和有效性的唯一可用且最有效的机会。美国政府将与国际伙伴合作，支持跨学科、多部门的方法，将疫苗研发，加强实验室检测和诊断，开发和评估应对措施纳入疫情应对。

4. 加强国际生物安全和生物安保

生物安全和生物安保是人类、动物和环境健康的基础。在医院和其他医疗机构、粮食和农业、研发、药物和制药、贸易和运输行业中采用生物安全和生物安保至关重要。美国政府认识到实验室生物安全和生物安保的重要作用，将继续支持加强生物安全和生物安保的全球威胁减少方案，以防止生物材料意外释放或故意滥用。

（五）各机构间的协调及机构的角色

美国认识到采用多部门方法预防、监测和应对传染病威胁的重要性和价值。2016年11月，美国第13747号行政命令设立了一个GHSA机构间审查理事会，负责发布GHSA目标、目的和实施指南，审查GHSA的进展情况，并编写年度进展报告。在国家层级，大使组织一个机构间团队，负责实施GHSA方案，并制订和执行其年度工作计划。美国《战略》还详细规定了白宫办公厅工作人员、国务院、财政部、国防部、内政部、农业部、卫生与公共服务部、交通部、环保部、国土安全部、国际开发署、联邦调查局、疾病控制与预防中心、国立卫生研究院、FDA等机构在全球卫生安全活动中的职责。

二、《战略》特点分析

（一）与其他国家战略一脉相承

全球卫生安全是美国国家安全领域的重要议题。应对生物威胁和传染病是特朗普政府国家安全战略的重要内容。美国政府高度重视在国家整体层面进行生物安全布局。特朗普政府发布的《战略》与《国家安全战略》《国家生物防御战略》等一脉相承，美国《战略》将指导联邦政府通过与其他国家、国际组织和非政府组织合作，保护美国及其伙伴免受传染病威胁。2017年底至2018年美国出台了一系列国家战略，如《国家安全战略》《国家生物防御战略》《国家卫生战略》《国家卫生安全战略》。《战略》是美国政府首个关注国际视野卫生安全的战略。

（二）继续推进全球卫生安全议程

《战略》强烈支持将GHSA作为促进应对传染病威胁的机制，"全球卫生安全议程"一词在《战略》正文中出现多达57次。2014年2月美国政府首次提出，意在融合多方合作，加强各国履行《国际卫生安全条例》、世界动物卫生组织等框架和协议的能力。2015年7月，美国投资10亿美元用于第一阶段17个国家在传染病预防、监测及响应方面的能力建设和提升。2017年12月31日，美国疾病控制与预防中心、美国国际开发署

（USAID）分别斥资4.538亿美元、2.455亿美元支持GHSA的各项活动。目前有60多个国家加入GHSA。美国任GHSA指导小组组长，领导并协助GHSA各项工作。《战略》指出，美国将确保其伙伴国均有自己应对卫生安全的关键能力。鼓励国家、国际组织和私营公司加入GHSA，制定特定目标，降低传染病威胁。

（三）美国国防部作为美国政府全球卫生安全战略的重要参与方

美国国防部是美国政府GHSA和《战略》的重要参与方[2]。美国《战略》列出了国防部的职责和任务，包括促进与全球卫生安全目标一致的军方活动、计划的实施和协调，促进生物监测、生物安全和生物安保方面的军民能力建设，与其他伙伴国军方合作，与美国国际开发署和美国卫生与公共服务部协调提供援助与支持。近几年，通过GHSA，美国以援助和合作的方式在多个国家部署监测哨点和实验室，《战略》为军方的活动提供了合理的理由。

（四）多部门参与、分工明确

美国发布的《战略》明确其国防部、卫生与公共服务部、环保署、国土安全部、国际开发署、联邦调查局、疾病控制与预防中心、国立卫生研究院、FDA等机构的职责和协调机制，注重各部门的分工合作。美国疾病控制与预防中心和国家开发署是美国政府全球卫生安全活动的主要实施者，并将在美国《战略》实施方面发挥关键作用。美国联邦政府涉及卫生安全的机构较多，多个机构的职责任务均有交叉，《战略》将分散于各部门的相关事务整合起来，统筹规划各部门的活动，加强合作与协调，构建一体化的全球卫生安全机制。

（军事科学院军事医学研究院　李丽娟　魏晓青　刘　术　生　甡　王　磊

蒋大鹏　王　华）

2　DOD Joins National Global Health Security Effort[EB/OL].[2019-11-21].https://www.defense.gov/Newsroom/Releases/Release/Article/1843618/dod-joins-national-global-health-security-effort/

第五章

俄罗斯《生物安全法》草案简介

2019年12月2日，俄罗斯联邦政府向国家杜马（俄罗斯联邦会议下议院）提交《生物安全法》草案[1]。草案文件共53页，其中草案文本内容41页，另外还包括草案说明、草案财政经济论证、因草案通过应宣布修改的法律清单等5个附件。主要内容简介如下。

一、《生物安全法》草案的制定背景

草案说明中阐述俄罗斯制定《生物安全法》草案的背景是，落实2025年及未来俄罗斯联邦政府《化学和生物安全国家政策基本原则》。该原则已于2019年3月11日由俄罗斯联邦总统第97号命令批准。俄罗斯目前尚未有生物安全方面的综合性法律文件。随着面临的威胁日益多样化，俄罗斯需要建立统一跨部门的协调机制，并在法律上进行规范，确保俄罗斯联邦生物安全体系有效运行。

二、《生物安全法》草案的主要内容

该草案严格遵守《禁止生物武器公约》，制定了一系列预防生物恐怖、建立和开发生物风险监测系统的措施，旨在保护人类和环境免受危险生物因素影响，为确保俄罗斯联邦的生物安全奠定法律基础。草案共包括16条内容。

（一）涉及的主要术语界定

草案第一条对生物安全法涉及的主要术语进行界定。主要包括生物安全、生物危险因素、生物风险、允许的生物风险等级、生物威胁、生物保护、病原体、病原微生物、条件性病原微生物、病原微生物和病毒库、菌株、微生物群、与医疗救护相关的感染、与兽医活动相关的感染、抗药性、合成生物学、合成生物制剂、生物危险源、潜在危险生物设施19个术语。

---

1 Законопроект № 850485-7 О биологической безопасности Российской Федерации[EB/OL].[2019-12-04]. https://sozd.duma.gov.ru/bill/850485-7

（二）法律基础和基本原则

草案第二条规定，生物安全法的法律基础为俄罗斯宪法、各领域签署的国际条约、联邦法律文件等。生物安全遵循的基本原则包括：保护公民和环境免受生物危险因素影响，将个人、社会和国家在生物安全领域的利益和责任结合起来，采取系统的方法实施生物安全措施，提高公众对生物安全的认识，保护、再生和合理利用自然资源，对生物危险进行评估等。

（三）俄罗斯联邦机构和公民组织等在生物安全领域的权利、义务

草案第四、五、六条规定了俄罗斯联邦国家权力机构和地方自治机构在生物安全领域的权限，以及公民和各组织机构在生物安全领域分别有不同的权利和义务。俄罗斯联邦国家权力机构的权限包括：制定、实施国家生物安全政策，组织、管理病原微生物和病毒库，监测生物安全风险等。公民在生物安全领域的权利和义务包括：保护公民和环境不受生物危险因素影响，遵守生物安全领域法规。各组织机构在生物安全领域的权利和义务包括：参与和制定生物安全措施，遵守生物安全领域法规，提交生物安全领域科研通报等。

（四）主要生物威胁类别及应对措施

草案第七条介绍了11种主要的生物威胁，包括新型传染病出现，利用合成生物学技术制造病原体，各种传染病扩散传播，使用病原体实施恐怖袭击等。草案第八条规定为保护公民和环境免受生物危险因素影响，要制定综合措施，建立生物风险监测系统。草案第九条规定防止传染病和寄生虫病传播的措施。草案第十条规定与病原微生物和病毒相关的实验室相关活动。草案第十一条规定为预防和防止有潜在危险的生物设施发生事故，生物领域危险的技术活动及病原体被恶意使用等采取的保障措施。草案第十二条介绍了生物安全监测的内容、方法和有效评估。草案第十三条阐述要建立生物安全领域国家信息系统。草案第十四条规定了生物安全领域的国际合作。草案第十五条规定违反生物安全领域法律应承担责任。草案第十六条规定该法自2020年3月31日生效。

（军事科学院军事医学研究院　李丽娟　王　磊　周　巍）

第六章

美国政府加强部署生物盾牌计划

生物盾牌计划是美国政府为应对化生放核大规模杀伤性武器威胁，特别是日益严峻的生物安全威胁，启动的一项产品研发计划，目标是在国家发生重大灾难时紧急提供医疗应对产品。2019年7月，美国政府宣布加强部署生物盾牌计划。美国卫生与公共服务部负责准备和响应的助理部长罗伯特·卡德莱克（Robert Kadlec）博士[1]，美国生物医学高级研究与发展管理局（BARDA）局长里克·布莱特（Rick A. Bright）博士[2]，以及BARDA副局长加里·迪斯布劳（Gary Disbrow）博士[3]，相继发文对生物盾牌计划的实施进行了回顾和展望。

一、美国生物盾牌计划的基本情况

2001年恐怖袭击和炭疽事件发生后，美国政府认为，为最大程度减缓化生放核（CBRN）大规模杀伤性武器造成的危机后果，美国需要足够的疫苗、药物等医疗应对产品。2004年美国提出并实施生物盾牌计划，鼓励和加强新一代疫苗和药物等医疗应对产品的研发、生产和储备。历经近20年的探索式发展，取得了阶段性成果。

（一）计划的提出

2003年1月28日，美国总统布什在国情咨文中提出设立生物盾牌计划，鼓励研发新一代疫苗、药物、诊断试剂和医疗器械等医疗应对产品，以快速应对CBRN大规模杀伤性武器恐怖袭击。2004年，美国国会通过了《生物盾牌计划法案》并实施。《生物盾牌计划法案》以法律形式通过合同授权，鼓励学术科研机构和生物制药企业等开发和生产应对威胁的"下一代"医疗产品，其重点目标是研究并生产针对炭疽杆菌、埃博拉病毒、鼠疫杆菌及其他生物剂的疫苗及药物，确保美国在遭遇生物战或生物恐怖的情况下

1　Project BioShield Evolution: Fifteen Years of Bridging the 'Valley of Death' in the Medical Countermeasures Pipeline[EB/OL]. [2019-11-24]. https://www.phe.gov/ASPRBlog/pages/BlogArticlePage.aspx?PostID=349

2　Building a Better Pipeline of Candidate Products for Project BioShield[EB/OL]. [2019-11-24]. https://www.phe.gov/ASPRBlog/pages/BlogArticlePage.aspx?PostID=352

3　Fifteen Years, Fifteen Stockpiled Medical Countermeasures: Leveraging Project BioShield to Build an Unprecedented Array of Drugs, Vaccines, Therapeutics, and More to Enhance Health Security[EB/OL]. [2019-11-24]. https://www.phe.gov/ASPRBlog/pages/BlogArticlePage.aspx?PostID=351

能快速作出反应。

（二）计划的主要内容

《生物盾牌计划法案》的主要内容包括：建立特殊储备基金（SRF），采办医疗产品用于建立国家战略储备；授权卫生与公共服务部、国土安全部资助科研机构、生物技术公司和制药企业等进行医学应对产品的研究开发；通过提高购买合同限额、放宽合同条件、简化审批程序和采用快速同行评议程序等方式加速合同审批；授予美国国立卫生研究院、美国国立过敏与传染病研究所加强研究，并在签订合同等方面增加美国国立过敏与传染病研究所的权力及其灵活性；授权美国FDA在紧急状态下可以开辟绿色通道，加速产品审批等。

（三）计划的研发策略

美国政府于2007年为生物盾牌计划设立了一项为期13年的研发计划，即"美国卫生与公共服务部和生物医学高级研究与发展管理局生物恐怖应对执行计划（2007～2020）"，确定了生物盾牌计划的"三步走"研发策略，由生物盾牌计划预案特殊储备基金（APBSRF）资助，对以疫苗、中和抗体和广谱治疗药物为主的病原体防治研究予以推动。其中，2007～2008年的近期计划，主要资助对天花疫苗、炭疽疫苗及广谱抗生素的研究；2009～2013年的中期计划，对天花抗血清、炭疽抗血清、埃博拉病毒和马尔堡病毒等病毒性出血热的研究给予资助，并增加了对广谱抗生素和感染性疾病诊断方法及临床对策研究的资助；2013～2020年的远期计划，主要针对广谱抗病毒药物研究进行资助。

（四）主要研究成果

15年来，美国BARDA利用生物盾牌计划共支持了27个项目，15种产品纳入国家战略储备，用于应对埃博拉病毒、炭疽杆菌、肉毒毒素、天花病毒、神经毒剂、放射病和辐射烧伤等多种威胁。其中，10种产品获得美国FDA的批准，其他5种产品在美国FDA的紧急使用授权下可以使用。其中，天花疫苗是美国国立过敏与传染病研究所和美国国防部及商业公司合作的研究成果，已经获得美国FDA批准使用，并在国家战略储备计划中储备了超过200万剂。另外，近年重点支持新型抗生素研究，以解决抗生素耐药性问题，共支持近30余种产品研发，其中3种已获得美国FDA批准。

二、美国实施生物盾牌计划的成功经验

美国生物盾牌计划实施15年以来，成效显著，其成功经验有以下几个方面值得借鉴参考。

（一）成立专门管理机构

在美国生物盾牌计划设立之初，该计划由美国国土安全部、卫生与公共服务部负责，并与美国国防部有密切合作关系。具体合同由美国卫生与公共服务部执行，赋予美国国立过敏与传染病研究所在签订合同等方面很大的权力和灵活性。但在实施运行过

程中，出现了一系列问题，包括随意调整研究计划导致成果受损等。2007年，美国通过《流行病和全面灾害防范以及创新推进法案》对生物盾牌计划管理的体制和机制进行了改革，从此由美国BARDA接管生物盾牌计划。美国BARDA于2007年4月正式成立，由美国卫生与公共服务部负责准备和响应的助理部长领导，职责主要是协调研究工作，为介于基础研究和尚未通过临床试验的医学应对产品研究提供合作资金。

（二）建立单独预算机制

在美国的生物防御经费中，生物盾牌计划单独预算、单独拨款。在过去的15年中，生物盾牌计划获得了每年平均约5.1亿美元的资助。近年来，生物盾牌计划资助经费呈增长态势。例如，2018财年美国国会增加了生物盾牌计划的资金投入，生物盾牌计划特殊储备基金增长2亿美元，比2017财年高出约40%[4]。

（三）提供产品应用渠道

美国政府认识到，要在突发公共卫生事件中挽救生命，往往需要尖端的医疗产品。由于生物恐怖袭击等某些紧急情况所需的医疗产品在平时没有商业市场，只有依靠政府来储备这类产品。为加强这类应对产品的研发，生物盾牌计划提供资金，并授权美国卫生与公共服务部、美国国土安全部购买药物、疫苗、诊断试剂、医疗器械及其他物资。这类产品在批准上市之前，总统可授权上述两个部门购买5年储备量。这些政策的实施，有效促进了生物安全创新产品的转化应用。

三、美国生物盾牌计划的未来发展

2019年6月，美国国会采取行动进一步加强了生物盾牌计划，将其作为2019年《流行病和全面灾害防范以及创新推进法案》（PAHPAIA）的一部分，增加了经费预算，并为产品开发提供10年资金。根据美国生物盾牌计划管理官员的介绍，该计划未来发展的基本考虑主要包括以下几个方面。

（一）兼顾平战用途开发

美国卫生与公共服务部负责准备和响应的助理部长罗伯特·卡德莱克认为，在过去15年中，最实用和最具成本效益的方法是尽可能研究不仅可用于紧急情况，而且可用于日常医疗的产品。例如，目前美国FDA批准了3种医疗产品用于治疗骨髓型和血液型急性放射病，且这3种产品都已经获批用于肿瘤放疗患者。再如，癫痫发作是神经毒剂潜在的致命影响之一，生物盾牌计划支持的一种癫痫治疗药物已被美国FDA批准，并已将其纳入国家战略储备用于化学应急反应。支持具有商业市场潜力的新产品研发，这也将成为生物盾牌计划未来的主要发展方向，即与商业公司合作，扩大核生化防护产品的平时适应证研究。

4　U.S. Department of Health and Human Services, Public Health Emergency, Medical Countermeasures Enterprise, Multiyear Budget, Fiscal Years 2017-2021[EB/OL]. [2019-11-24]. https://www.phe.gov/Preparedness/mcm/phemce/Documents/phemce-myb-2017-21.pdf

（二）协调美国联邦机构职能

美国生物盾牌计划支持的一些产品研发，是商业公司与美国国防部或美国国立卫生研究院在早期研发阶段合作取得成功后，再转由美国 BARDA 支持后期高级开发。天花疫苗的研发成功受益于多机构的参与，正是由于多年的美国联邦支持和行业合作才有了今天的天花疫苗。未来美国 BARDA 将继续与各相关方密切合作，顺利承接有转化应用前景的产品开发，确保参与医疗产品研发的联邦机构之间的职能实现平稳过渡。

（三）建立公私合作机制

生物盾牌计划注重与以公司为主体的私营部门合作。与美国 BARDA 合作的制药和生物技术公司，既有全球医药行业巨头，也有规模不大，但颇有前途的初创公司。公司无论大小都可以申请生物盾牌计划的疫苗、药物、诊断试剂和医疗器械高级研发资金，覆盖化生放核威胁、大规模流行性感冒及新发传染病等 17 个专业领域[5]。一旦研发的产品基本成熟，根据资金情况和卫生安全需要，其中一些产品可能会继续得到生物盾牌计划的采购支持，也有一些平战两用的产品由公司实现产业化用于满足商业医疗需求。

（四）注重利用全球资源

美国以加强全球卫生安全为名，注重利用全球资源开发生物盾牌计划支持的医疗产品。例如，针对刚果（金）发生的埃博拉疫情，美国生物盾牌计划支持的 1 种埃博拉病毒疫苗正在开展疫苗接种试验，还有 2 种针对埃博拉病毒感染的药物也正在开展随机临床试验。

可以预计，美国通过对生物盾牌计划的持续高强度支持，将有更多的疫苗、药物、诊断试剂和医疗器械等医疗防护产品通过其研发渠道实现产业化应用，美国生物安全科技支撑能力将得到大幅度提升。

（军事科学院军事医学研究院　王　磊　张　宏　张雪燕）

（解放军总医院第五医学中心　王仲霞）

5　BARDA Broad Agency Announcement Areas of Interest[EB/OL]. [2019-11-24]. https://www.phe.gov/about/amcg/BARDA-BAA/Pages/barda-baa-aoi.aspx

第七章

以人类命运共同体视野谋划传染病防控科技创新

公共卫生安全是社会发展的基石。2019年7月17日，世界卫生组织（WHO）宣布，非洲国家刚果（金）暴发的埃博拉疫情为国际关注的突发公共卫生事件，目前已有超过2500例感染病例，其中1600多例死亡病例。从2009年甲型H1N1流感大流行、2014年野生型脊髓灰质炎病毒国际传播问题，到2014年西非埃博拉疫情、2016年寨卡病毒疫情，均表明重大传染病疫情并不遥远，推动人类健康命运共同体建设任重而道远，加快传染病防控科技创新必要而迫切。

一、传染病疫情是全球公共卫生面临的严重隐患

埃博拉疫情只是21世纪人类社会面临的重大传染病疫情隐患之一。2002～2003年席卷世界30余个国家和地区的SARS疫情，全球累计临床报告病例8400多例。美国《国家卫生安全战略》将传染病流行视为国家四大卫生安全威胁之一，并把世界各地名目繁多的各类传染病威胁分为三类。新发疾病病原体，如波旁病毒、人类猴痘病毒、SARS冠状病毒及各种新发流感病毒；再发疾病，包括麻疹、耐药细菌威胁、西尼罗病毒病、耐药性疟疾、鼠疫、霍乱等；人为导致的疾病，如用于生物恐怖活动的炭疽等[1]。

2019年世界经济论坛发布的《全球风险报告》指出，全球传染病暴发频率一直在稳步上升[2]：1980～2013年，共有12 012起记录的疫情，影响至少4400万人和世界每个国家和地区；每月，WHO都会追踪7000个潜在暴发新信号，产生300个后续行动、30个调查和10次全面风险评估。经济学家估计，在未来几十年，传染病疫情大流行将导致年均经济损失占全球国内生产总值（GDP）的0.7%或5700亿美元，其威胁程度与联合国政府间气候变化专门委员会对全球气候变化威胁估计相似。在全球日益相互依存的环境下，公共卫生危机还可能迅速演变成一场人道主义、社会、经济和安全危机。在2014年9月，联合国安全理事会还特别围绕西非埃博拉疫情召开一次联合国安全理事会紧急会议，专题评估西非疫情对国际和平和安全威胁的影响。

---

1 Assistant Secretary for Preparedness and Response,National Health Security Strategy Overview[EB/OL].[2019-07-26].https://www.phe.gov/Preparedness/planning/authority/nhss/Pages/overview.aspx.

2 World Economic Forum,The Global Risks Report 2019 [EB/OL].[2019-01-15].http://www3.weforum.org/docs/WEF_Global_Risks_Report_2019.pdf.

二、传染病疫情暴发有复杂的成因

针对单个疫情事件，需要具体问题具体分析，更需要全局研判其综合起源和影响。埃博拉病毒传染性极强，平均病死率为50%。尽管新型疫苗的有效率达99%，但刚果（金）发生的针对医务工作者和埃博拉病毒感染诊治机构的袭击事件，以及当地民众对医疗工作者的不信任等，使疫情控制变得困难[3]。实际上，新发或再发传染性疾病是世界多极化、经济全球化、社会信息化背景下一系列因素综合作用的结果。

（一）自然和生态因素

传染病病原体可以是自然产生的。生态系统的变化，城市化，农业耕作强度提升，气候变化，以及全球化旅行和贸易等，驱动致病微生物由其自然栖息地向人类转移。寨卡病毒、埃博拉病毒、中东呼吸综合征冠状病毒等都是人畜共患病原体[4]。被WHO列入2018年度疾病优先级蓝图列表的未知"X疾病"，可在多种源头形成，未来有可能因宿主、环境等行为改变而容易暴发大流行[5]。

（二）科技因素

从威胁角度看，生物技术的进步增加了微生物被滥用或成为大流行病原体的风险[6]。传染病病原体也可以是人为制造或实验室事故无意泄漏的，如2017年加拿大科学家成功合成类似天花病毒的马痘病毒。美国国防部委托美国国家科学院编写的报告《合成生物学时代的生物防御》更是强调通过生物学进步可导致几乎无限可能的恶意活动[7]。从防御方面看，目前国际社会尚不具备在数月内生产针对新型病原体的新疫苗与药物的能力。此外，目前微生物法医学的发展现状，使得难以可靠地将传染病大流行回溯和归因，表明了当前防范性质的科技发展的滞后性。

（三）国家安全和军事因素

美国国防高级研究计划局（DARPA）将"战胜传染病"作为战略领域之一，重点关注预防流行病暴发、降低高威胁生物制剂影响等攸关国家安全的工作。美国《国家卫生安全战略》也指出，抗生素、新病毒株的抗药性和以前灭绝疾病的重新出现会造成传染病大流行的潜力，并可能在生物恐怖主义或生物战中发挥作用。日本政府以2020年东京奥运会和残奥会生物安保、开发诊断试剂为由，2019年批准日本国立传染病研究所

3　世界卫生组织：埃博拉疫情升级为全球紧急卫生事件[EB/OL].[2019-07-19].https://world.huanqiu.com/article/9CaKrnKlD2I

4　Toward Epidemic Prediction: Federal Efforts and Opportunities in Outbreak Modeling[EB/OL].[2016-12-23]. https://obamawhitehouse.archives.gov/sites/default/files/microsites/ostp/NSTC/towards_epidemic_prediction-federal_efforts_and_opportunities.pdf.

5　List of Blueprint priority diseases[EB/OL].[2018-2-7].https://www.who.int/blueprint/priority-diseases/en/?rel=0

6　王小理.美国出台《合成生物学时代的生物防御》——军事生物科技发展再提速[N].解放军报,2018-09-14(11)

7　National Academies of Sciences, Engineering, and Medicine.Biodefense in the Age of Synthetic Biology[M]. Washington, DC: The National Academies Press, 2018

关于主动进口埃博拉病毒等烈性病原体标本的申请[8]。

（四）政治经济因素

围绕先进生物技术的国家间地缘经济竞争，加剧了建立可在全球范围内实施的国际准则的挑战。例如，《遗传资源的获取及公平公正地惠益分享名古屋议定书》实施以来，国际上对疾病监测和应对至关重要的生物样本分享系统某种程度上被削弱。刚果（金）埃博拉疫情之所以愈演愈烈，某种程度上也与西方发达国家"战略收缩"有关。2009年美国甲型HIN1流感病毒疫情防控投入为77亿美元，2014年埃博拉病毒防控投入为54亿美元，2016年寨卡病毒防控投入为11亿美元。美国疾病控制与预防中心还宣布，出于资金紧张的考虑，计划缩减或停止其在39个国家的传染病预防工作[9]。

（五）公共政策因素

在公众压力和政府机构职责视角束缚之下，制定合适的应对措施困难重重。例如，在1976年，尽管鲜有证据显示新的甲型H1N1流感病毒株能够引发流感大流行，但美国卫生部门还是要求开展大规模免疫接种行动，然而结果证明，这场免疫行动不仅多此一举，也让公众对美国疾控系统失去信心。从21世纪的潜在禽流感大流行响应行动，到抵制疫苗接种运动[10]、学术合作交流少乃至知名科研人员被调查等[11]，这些情形反复证明，制定合适的传染病公共政策面临严峻的挑战。

三、传染病疫情防控是构建人类命运共同体的重要一环

当前新发突发传染病已经成为影响国际和平与安全的重大因素，成为推动构建人类健康命运共同体的重要突破口，国际社会已经并正在为此作出巨大努力。

（一）加强全球战略统筹协调

人类命运共同体首先是健康共同体。WHO等国际组织积极推动《国际卫生条例（2005）》落地。美国、中国、俄罗斯等27个国家及相关国际机构共同启动"全球卫生安全议程"全球防控传染病计划[12]。特别是我国作为世界上最大的发展中国家，积极参与全球健康事务。西非暴发埃博拉疫情期间，中国医疗队和实验室检测队奔赴疫情严重的塞拉利昂开展援非工作，出色地完成了使命，得到了国际社会的高度称赞。

8　王小理.日本《生物战略2019》潜在指向值得关注[N].中国国防报，2019-07-23(2)

9　Lena S.CDC to cut global disease prevention efforts by 80 percent[EB/OL].[2018-2-1].https://www.washingtonpost.com/news/to-your-health/wp/2018/02/01/cdc-to-cut-by-80-percent-efforts-to-prevent-global-disease-outbreak/

10　刘海英.不接种疫苗，感染麻疹免疫系统会"失忆".科技日报[N]，2019-11-05（2）

11　加拿大媒体：针对华裔病毒学家邱香果的调查或已于数月前展开[EB/OL].[2019-7-15].https://www.thepaper.cn/newsDetail_forward_3920728

12　中美俄等国共同启动一项全球防控传染病计划[EB/OL].[2014-2-14].http://www.gov.cn/jrzg/2014-02/14/content_2600299.htm

（二）加快科技系统布局

美国、英国等先后发布《国家生物安全战略》及《国家卫生安全战略》《全球卫生安全战略》等，顶层设计统筹科技研发。高安全等级的生物实验室先后投入运行；美国DARPA大流行预防平台项目已成功验证，可在60天内发现抗体元件，并研发出3天内预防季节性流感病原体的技术；"生物盾牌计划"资助埃博拉病毒病疫苗和单克隆抗体研发并将其列入国家战略储备。值得一提的是，我国独立研发的"重组埃博拉病毒病疫苗（腺病毒载体）"在西非埃博拉疫区开展科学研究，在应对国际关注的突发公共卫生事件中，贡献了中国智慧，提供了中国方案，树立了中国形象[13]。中国科学院主动牵头发起"中非彩虹计划"，共同就传染病疫情预测与疾病防治解决方案开展全方位长期合作[14]。

创新公私合作模式和市场融资机制。针对公共产品研发市场机制失灵，已经发起全球应对流行病威胁的疫苗开发公私合作项目"流行病应对创新联盟"，初期筹集资金10亿美元[15]。世界银行宣布启动首个"疾病大流行债券"基金，这是世界银行债券首次用于抗击传染病，以帮助低收入国家应对疫情[16]。

四、加快传染病防控科技创新前瞻布局

从长远来看，国际社会对传染病疫情防控还存在许多漏洞、软肋。必须将科技支撑作为保底手段，转变理念，持续加大传染病防控创新力度。

（一）以人类命运共同体视野谋划传染病防控

立足我国发展大局，回应国际社会、"一带一路"国家对传染病疫情的共同关注，将国内与国际两个大局统筹起来，将国内与国外两种资源充分调动起来，将前瞻科技布局与国家战略物资储备结合起来，将技术开发与负责任的国际市场开拓综合起来，将科技研发政府投入与社会投入、资本市场机制整合起来，将科技硬实力与国际话语软实力对接起来，将传染病防控与区域经济社会建设联系起来，加快形成和实施我国全球卫生战略，大幅度提高传染病防控战略预警、防御和综合运筹能力。

（二）推动传染病威胁的主动科技创新应对

牢牢把握新生物科技变革机遇，完善国家生物安全协调机制，审慎调整科技政策、科技防控和对外科技合作职责分工与协作，平衡收益和风险，部署尖端生物技术开发和

13　首个重组埃博拉病毒病疫苗获得新药注册批准[EB/OL].[2017-10-20].http://www.nmpa.gov.cn/WS04/CL2168/329406.html

14　唐宏,安瑞璋(Fernando Arenzana)."中非彩虹计划"传染病防控[J].中国科学院院刊,2018,33(Z2):22-25

15　CEPI awards up to US$43.6 million to Public Health Vaccines, LLC. for development of a single-dose Nipah virus vaccine candidate[EB/OL].[2019-8-12].https://cepi.net/news_cepi/cepi-awards-up-to-us43-6-million-to-public-health-vaccines-llc-for-development-of-a-single-dose-nipah-virus-vaccine-candidate/

16　Reuters.World Bank launches 'pandemic bond' to tackle major outbreaks[EB/OL].[2017-6-29].https://www.reuters.com/article/us-global-pandemic-insurance-idUSKBN19J2JJ

基础研究，将现有的重大传染病疫情应对机制从观察观测和被动应对，逐步转型为主动预测、主动干预。加强灾难性传染病风险评估，解决系列科技卡脖子问题，提供更快、更有效的医疗应对物质手段、技术装备和理论策略，加快适宜性技术推广，将可能的大规模疫情危害降至最低。开展更为广泛的传染病国际科技合作，推动"中非彩虹计划"等大科技计划落地。

（三）强化对尖端生物科技研发应用和全球公共卫生战略的科学传播

将科学传播、公众参与、社会伦理法律等纳入前沿生物科技研究决策和全球公共卫生战略制定过程，传播前沿生物科技知识和政策，防范科学研究或新生物技术工具应用中可能产生的新流行病风险和其他严重后果。将严格规范科研行为与保护科研人员的积极性相结合，培养高素质的潜在创新人力资源，凝聚社会共识、激发社会活力，为公共政策落地形成良好社会氛围和合力。

（中国科学院上海巴斯德研究所　王小理　唐　宏）

第八章

网络生物安全：大国博弈的另类疆域

网络生物安全是网络安全、网络实体安全及生命科学与生物安全等学科间的一种新兴交叉领域，旨在理解生命医学相关网络空间、网络实体及其供应链、基础设施系统遭受恶意监视、入侵，以及其他有害活动侵害过程及其状态脆弱性，并为应对此类威胁事件，开发和实施预防、防护、削弱、调查和归因机制，维持相关科技产业管理系统安全及具有竞争力与稳健性[1]。

近年来，网络生物安全融合网络安全，源于并超越生物武器、重大传染病、生物科技两用等经典生物安全框架，以一种颠覆性力量横贯生物科技创新链和产业链，并与国际网络军备、生物军控相互交融，成为影响国际战略稳定的新兴变量。对此新兴事物，我们宜保持清醒、放眼未来，下好先手棋。

一、为何重要：网络生物领域未来可能诱发灾难情景

情景1：20XX年，类似攻击伊朗纳坦兹核设施代号为震网（Stuxnet）的新一代计算机病毒，入侵某国生物医药（信息）重大科技基础设施[2]。通过删除或篡改生物数据、合成携带恶意软件的基因组等原位数据操作，此攻击导致该数据库对该国研究人员处于临时或较长时期瘫痪状态，众多知名生物实验室计算机遭到"特洛伊木马"攻击或因不明原因而运行故障，最终在某一关键生物科技领域（如脑科学、合成生物学）国际科技竞争中集体落败。

情景2：20YY年，黑客分子入侵某国一高等级生物安全实验室的计算机数据库，在窃取该实验室正在科研攻关的重大烈性病菌的遗传信息后，自行设计并悄悄篡改了病原体的基因数据，同时还对该实验室的安保设备系统参数进行了修改。该事件导致科研人员无意中对高风险等级的病原体进行了低防护水平的操作，并引发实验室生物安全事故，还导致某种具有较强传染性和较高致死率的传染病疫情小范围暴发，引发社会恐慌。同时，一些保密信息、敏感生物信息遭到泄露，国际生物黑客分子对管制的生物病原体人工合成与改造跃跃欲试，而另外一些黑客则在暗网上销售包含个人隐私的生物数据。

1　Murch RS, So WK, Buchholz WG, et al.Cyberbiosecurity: An Emerging New Discipline to Help Safeguard the Bioeconomy[J].Frontiers in Bioengineering and Biotechnology,2018,6(39):1-6

2　DNA is going digital – what could possibly go wrong[EB/OL]. [2019-03-03]. https://www.cbsnews.com/news/dna-goes-digital-cyberbiosecurity-risks/

情况3：20ZZ年，恶意第三方利用智能摄像头和手机语音助手的系统漏洞，对某尖端国防生物实验室处于离线状态的、某款进口限量版DNA合成仪的工作状态声音进行了持续监测和网络上传，结合该款DNA合成仪的声学特征及人工智能算法，最终窃取和反向设计了该国防实验室正在研究的DNA片段，准确度几乎达到100%[3]。在该国防实验室发现信息泄露，安全部门进一步介入调查后，智能设备与进口DNA合成仪的生产商宣称对此事免责，而此时该国的生物防御体系由于缺乏有效的生物防御制衡手段而陷于不利境地。

上述情景假设虽然有一定的夸张成分，但大多数情节是可以通过技术实现的。在特定场景和利益驱使下，未来这种灾难性情况也有可能演变为现实。

二、何以可能：网络生物安全的兴起逻辑与内涵

催生网络生物安全形态的根本力量，根源于新一轮生物科技变革。当前，前沿生物科技创新越来越依赖全球高端仪器装备（以及供应链）和计算机网络。高通量测序技术、高性能基因编辑技术、生物大数据技术、合成生物学等使能工具的应用，标志着生物科技研究方法体系向自动化、信息化、智能化、工程化转型。美国国家科学院《21世纪的"新生物学"：如何确保美国引领即将到来的生物学革命》报告强调，信息是新生物学的基本单元。生物科技研发的数字化是大势所趋，网络生物安全随之兴起也是势所必然。

信息网络的安全问题渗透到生物科技领域。科研机构研发人员、企业生产制造人员、政府管理人员等使用计算机、智能设备来分析DNA序列、操作实验室设备和存储生物信息，但通常没有意识到新技术的便利通常伴随新的风险和隐患。从DNA"特洛伊木马"攻击，到高价值的生物科技知识产权或敏感的个人健康信息被网络窃取，从关键的联网医疗仪器和设备遭受网络攻击，到"云"中共享的基因组数据完整性遭破坏和未经授权的访问等，相关的计算系统、软件和算法自带的网络生物安全风险，一旦放在"安全放大镜"下审视，安全漏洞的发现概率将激增[4]。特别是科技系统、卫生部门、农业部门、海关部门、商业系统的生物信息资源集成、技术与物项的监测监管信息平台，很有可能在未来成为网络生物安全的薄弱环节。

网络信息安全与生物安全交叉渗透，赋予既有生物安全框架全新内涵。网络生物安全技术通过操控信息，间接操控人和技术、物项，使得虚拟生物安全与现实生物安全之间的界限变得越来越模糊[5]。这样使得原本用于加速生物科技研发或产业化的尖端设备、装备、生产线也被纳入生物安全系统。如果传统生物安全还局限于特定的生物产品（重大烈性病原体或毒素）和前沿技术的终端应用、局部物项等范围，那么新兴的网络生物

3　Hackers Listen In on What Synthetic DNA Machines Are Printing[EB/OL].[2019-03-07].https://thattrends.com/hackers-listen-in-on-what-synthetic-dna-machines-are-printing/

4　Pauwels, F.,and Dunlap, G.The Intelligent and Connected Bio-Labs of the Future: The Promise and Peril in the Fourth Industrial Revolution[M]. Washington, DC: The Wilson Center,2017

5　The Digitization of Biology: Understanding the New Risks and Implications for Governance[EB/OL].[2018-07-30]. https://wmdcenter.ndu.edu/Publications/Publication-View/Article/1569559/the-digitization-of-biology-understanding-the-new-risks-and-implications-for-go/

安全则囊括整个生物科技研发和产业链中的每个环节，包括工具方法安全问题、过程安全问题、科技安全问题、全产业链安全问题，这使得"生物安全"概念的内涵和外延显著拓展。

三、战略新疆域：美国积极运筹网络生物安全

作为信息技术强国和生物技术强国，近年来美国各层级积极谋划和推动网络生物安全领域的工作。

（一）聚焦概念本质

美国科学促进会、美国联邦调查局（FBI）大规模杀伤性武器处、联合国区域间犯罪和司法研究所等2014年发布的《生命科学领域大数据的国家与跨国安全影响》报告强调，利用敏感生物数据将可能对个人、组织和国家产生严重的经济、政治、健康和社会危害，生物信息（数据）安全兴起并成为国家生物安全的一部分[6]，但其尚聚焦于大数据及其分析技术方面，没有深层次触及次生信息的流动完整性和操控问题。2014～2016年，在美国FBI资助下，美国国家科学院先后召开三次以"捍卫生物经济"为主题的研讨会[7-9]，抽丝剥茧，逐步逼近新科技变革下的生物安全新面貌实质，最终提出"网络生物安全"新概念。美国国家科技理事会（NSTC）《国土生物防御科学技术能力评估》（2016年）提出，需要提高确认针对美国潜在和蓄意的生物袭击事件相关风险的能力，包括国家和非国家、传统型、加强型、新兴与高级的风险等。美国2018版《国家生物防御战略》吸纳了有关建议，隐晦指出要防止敌对行为者以恶意目的获取或使用生物材料、设备和专业知识。

（二）强化理念引导

对这一新兴战略安全领域，美国国防部战略司令部2017年设立一个旨在评估生物科技基础设施安全性的研究项目，美国内布拉斯加大学国家战略研究所等4家单位参与，相关成果目前尚处于保密当中，但该项目涉及的两个研究方向"破坏生物科学基础设施"和"制造危险生物材料"已开始得到美国学术界专家的认可[10]。有关智库，如美

6　American Association for the Advancement of Science, Federal Bureau of Investigation and United Nations Interregional Crime, and Justice Research Institute. National and Transnational Implication of Security of Big Data in the Life Science[M]. Washington, DC: American Association for the Advancement of Science, 2014

7　The National Academies of Sciences, Engineering and Medicine. Meeting Recap, Workshop–Convergence: Safeguarding Technology in the Bioeconomy[M]. Washington, DC: Organized by the Board on Chemical Sciences and Technology and the Board on Life Sciences, 2014

8　The National Academies of Sciences, Engineering and Medicine. Meeting Recap, Safeguarding the Bioeconomy: Applications and Implications of Emerging Science[M]. Washington, DC:Organized by Board on Chemical Sciences and Technology, 2015

9　The National Academies of Sciences, Engineering and Medicine. Meeting Recap, Safeguarding the Bioeconomy Ⅲ : Securing Life Sciences Data[M]. Washington, DC: Organized by the Board on Life Sciences and Board on Chemical Sciences and Technology. 2016

10　Peccoud J, Gallegos JE, Murch R, et al.Cyberbiosecurity: from naive trust to risk awareness[J].Trends in Biotechnology,2017,36:4-7

国智库生物防御蓝丝带委员会、伍德罗·威尔逊中心、美国国防大学大规模杀伤性武器研究中心等，围绕生物信息安全、生物实验室的连通性和智能性、生物虚拟化带来的风险等相关主题积极发声，在业界引起强烈关注。同时，2018年以来，作为美国战略科技力量，美国西北太平洋国家实验室、美国桑迪亚国家实验室、美国洛斯阿拉莫斯国家实验室、美国阿贡国家实验室的专家先后撰文，呼吁关注网络生物安全治理及相关科技发展[11]。

（三）大胆探索实践

科学模拟方面，美国安全研究人员能够用嵌入人类DNA链中的恶意软件感染计算机；在2019年网络和分布式系统安全研讨会上，美国科研人员在一台常用的DNA合成仪器上展示了所谓的声学边信道攻击结果，并认为这可能会危害崭露头角的合成生物学和基于DNA的数据存储行业。引导行业加强防范意识方面，持续审视美国生物防御BioWatch项目的官方协调网站的潜在漏洞和系统缺陷，提出11条修复建议。在医疗卫生部门，美国健康与人类服务部于2018年先后成立网络安全协调中心，发布《健康产业网络安全实践指南》，协调整个业界的活动[12]。

从发展角度来看，网络生物安全涉及推进和加强经济竞争力、国家安全和社会稳定，对于维持未来美国的经济实力和地缘政治非常关键。网络生物安全与美国生物科技产业战略目标密切相关。根据美国FBI定义，广义生物经济年创造4万亿美元价值，约占美国GDP的1/4[13,14]。同时，网络生物安全增加了全球战略稳定的新变量。网络信息安全和生物安全属于大国战略博弈新领域。网络生物安全横跨这两大领域，双向提升了网络空间军备控制和生物武器军备控制的重要性，使得生物安全有望成为与核安全、网络安全并行的全球战略稳定的第三极。鉴于大国竞争需要，网络生物安全对美国的战略价值和战略意义不言而喻。

四、未雨绸缪：网络生物安全的未来大趋势和治理对策

网络生物安全形势可能恶化。目前，网络生物安全技术迅猛发展，全球发展不平衡问题是最大的安全问题。从引领和影响世界生物科技创新和生物安全格局看，网络生物安全技术非常适合美国的科技优势和战略构想，经过3~5年的积累，美国政府很有可能于2025年前后在网络生物安全领域取得重要进展。

鉴于这一国际形势，我们宜积极主动，有所作为。

首先，应树立崭新的生物安全观念，用长期战略框架审视网络生物安全。贯彻落实总体国家安全观，加强本领域基础理论探索和智库研究，客观评估网络生物安全态势和战略定位，在国家生物安全立法、生物安全管理条例等起草修订过程中有所体现。

11　Schabacker DS, Levy LA, Evans NJ,et al.Assessing Cyberbiosecurity Vulnerabilities and Infrastructure Resilience[J].Frontiers in Bioengineering and Biotechnology, 2019,doi: 10.3389/fbioe, 2019.00061

12　Health Industry Cybersecurity Practices: Managing Threats and Protecting Patients[EB/OL].[2018-12-28]. https://www.phe.gov/Preparedness/planning/405d/Pages/hic-practices.aspx

13　Keith G. Kozminski.Biosecurity in the age of big data: a conversation with the FBI[J].Molecular Biology of the Cell,2015,26:3894-3897

14　Rob Carlson.Estimating the biotech sector's contribution to the US economy[J].Nature,2016,(34): 247-255

其次，保持战略清醒，避免战略被挤压。认清生物安全核心装备和技术卡脖子现状，认清生物软件、算法、数据库与国际先进水平的差距，认清网络生物安全战略技术差距，利用本领域战略机遇期窗口，谋划科技发展战略布局，凝聚一批网络生物安全领域战略人才，以便在未来发展竞争中谋取一席之地。

最后，实施外交和国家安全资源再平衡。在网络军备控制、生物军备控制等国际既有框架基础上，启动前置性工作，加强网络生物安全政策储备、议程方案储备；在涉及国家安全与发展重大利益的网络生物安全问题上，及时发声、回应、提出反制措施，以人类命运共同体的长远视野，维护国际战略稳定。

（中国科学院上海巴斯德研究所　王小理）

第九章

国际生物军控现状与展望

生物军控涉及国家安全和国际安全秩序，是人类和平与发展事业的重要组成部分。长期以来，在国际社会的共同努力下，国际生物军控事业取得了很大成效。但近年来，受科技变革和国际关系调整等多因素影响，国际生物军控面临重大变局，新旧问题进一步发酵，对全球战略稳定和人类命运造成不可忽视的重大影响。新形势下，审视国际生物军控发展历程与未来走向，对于发展和践行新国家安全观、构建人类命运共同体理论与实践具有积极意义。

一、当前国际生物军控基本形势与面临的困境

作为国际生物军控的基石，《禁止生物武器公约》于1975年生效，是国际社会第一个禁止一整类大规模杀伤性武器的国际公约，与《日内瓦议定书》、联合国秘书长指称使用化学和生物武器调查机制、联合国安理会第1540（2004）号决议等，共同构成了国际生物军控体系的基本制度安排[1-3]。《禁止生物武器公约》有效约束了国际社会对生物武器的追求，为维护国际安全作出了巨大贡献。截至2018年12月，全世界共有中国、美国、英国、俄罗斯等182个国家为缔约国，另有5个国家为公约的签约国，只有10个国家没有签署或批准公约，体现了国际社会大家庭对禁止生物武器的鲜明态度。围绕公约执行情况的集体审议会议已经先后举行了8次，就公约实施情况、国家履约、履约机制、国际合作等多项议题进行了审议，并取得了若干实质成果。但与此同时，国际生物军控事业正面临新的挑战。

概念定义模糊为具有军事含义的生物技术竞争提供土壤。《禁止生物武器公约》第一条"其他和平用途"的认定存在极大的阐释空间[4]，生物防御计划得到承认。而业界普遍认为，在防御性生物研发和进攻性生物研发之间没有清晰的技术边界，更多的是意图的区分，而战略意图又很难把握，导致缔约国基于潜在对手的能力进行科技研发，可

1　Bio Plus X: Arms Control and the Convergence of Biology and Emerging Technologies[EB/OL].[2019-03-31].https://www.sipri.org/publications/2019/other-publications/bio-plus-x-arms-control-and-convergence-biology-and-emerging-technologies

2　崔妍妍, 王松俊, 刘胡波. 国际生物军控与履约研究 [J]. 人民军医, 2014, 57(2):126-127

3　徐丰果. 国际法对生物武器的控制 [M]. 北京：法治出版社, 2007

4　孙琳, 杨春华.《禁止生物武器公约》的历史沿革与现实意义 [J]. 解放军预防医学杂志, 2019, 37(3):184-186

能会导致相互猜忌与生物武器军备竞赛升级，或更持久、更模糊的具有军事含义的生物技术竞争[5]。

公约理论逻辑框架存在潜在冲突，陷入集体行动困境，共同和平与发展的初衷遭遇现实的冷酷冲击。在设计公约的第三条——要求防止生物武器的扩散包括出口管制和限制技术转让的同时，也设计了再平衡的机制，即公约第十条——促进和平利用生物科技方面的国际合作和技术交流。但理想的丰满掩饰不了骨感的现实。发达国家强调公约的第三条，而发展中国家要求严格执行公约的第十条，对发达国家积极推动生物技术出口管制态度消极[6]。双方很难在公约实施方面采取集体一致的行动，降低了公约的权威性。

缺乏具有法律约束力的核查机制，折射出美国对技术霸权的企图。主要的核武器和化学武器条约具有广泛而正式的核查机制。《不扩散核武器条约》于1970年生效，通过国际原子能机构（约有2560名员工）核查缔约国的履约情况。《禁止化学武器公约》于1997年生效，通过禁止化学武器组织（约有500名员工）核查履约情况。相比之下，《禁止生物武器公约》无专门的常设履约执行机构或组织，临时性履约支持机构是唯一办事机构，目前只有4名雇员[7]，其职能也并非核查。目前，对于重启2001年被美国以技术上难以核查等原因"封杀"的核查议定书谈判或推出替代核查机制，美国、俄罗斯、欧盟、不结盟国家等各方仍存在严重分歧[8]。

二、生物科技与人类共同命运关系意识的早期觉醒

回顾以往，冷战时期达成的《禁止生物武器公约》是一项里程碑式成果，是人道主义与国际政治现实主义综合作用的结果[9]。但达成该公约更多是策略性的、选择性的，体现了把握关于生物科技与人类共同命运关系的意识初步觉醒。

国际社会对生物武器危害普遍忧虑并形成共同意识。第一次世界大战后，国际社会于1925年达成的《日内瓦议定书》，是人类社会禁止使用生物武器的首个重要国际性条约。第二次世界大战时期，日本军队对中国军民使用生物武器大规模攻击的罪行罄竹难书，受到国际社会的普遍谴责。经过两次世界大战，科学家、媒体等对人类命运关切的意识初步觉醒并形成特定的联盟，在公共政治领域形成相对独立的制衡力量[10]。

彼时的生物武器的战术和战略效果有限。受限于20世纪70年代前的生物科技和运载工具的发展水平，生物武器对于研发与使用者而言有利有弊。尼克松政府认为，与作为战略威慑工具的大规模杀伤性核武器、化学武器相比，传统生物武器的军事效果并非值得信赖，无论是作为威慑或报复，其效果都值得怀疑，不足以与放弃生物武器获得的

5　Milton Leitenburg.Biological Weapons and Bioterrorism in the First Years of the Twenty-First Century[J].Politics and the Life Sciences, 2002, 21(2): 3-27

6　晋继勇.《生物武器公约》的问题、困境与对策思考[J].国际论坛, 2010, 12(2): 1-7

7　丹尼尔·布雷斯勒，克里斯·巴克利."设计细菌"：下一个流行性传染病或源自实验室[J].世界科学, 2019, 2: 20-24

8　薛杨，王景林.《禁止生物武器公约》形势分析及中国未来履约对策研究[J].军事医学, 2017, 11: 917-922

9　郑涛.生物安全学[M].北京:科学出版社, 2014

10　刘磊，黄卉.尼克松政府对生化武器的政策与《禁止生物武器公约》[J].史学月刊，2014, 4: 62-71

战略收益相比[11]，因此有关生物军控的协定才较易达成。

大国竞争形势转圜。1969年生化武器的控制问题被纳入美苏主持的18国裁军委员会年会议程之列，美苏作出缓和国际安全形势的姿态。冷战结束后，新世界来临前，1992年发布的《英美俄关于生物武器的联合声明》，也体现了以对话协商代替对抗的姿态。

三、影响国际生物军控未来进程的关键变量

生物科技迅猛发展和扩散的影响不确定。进入21世纪，生命科学、物质科学与工程学学科交叉的第三次革命正在加快演进，不仅提升传统生物武器效能，而且赋予合成生物学技术、神经操控电磁技术等具有作为进攻性武器运用的广阔前景，使其更加可控、易攻难防、战术和战略价值凸显[12]。生物科技两用性更加突出，导致更加难以对技术谬用进行核查，而美国所谓的"核查可能损害国家安全和商业利益"的主张大行其道，履约前景难以预期[13]。

生物、核、网络形成的威慑形态更加复杂。在后核武时代，信息科技和生物科技是新军事革命发展的重要技术变量，若某国率先取得决定性科技突破，将极大拓展国家战略空间。而生物武器与人工智能（AI）、网络武器的结合，双向提升两者的战略地位，使得核武器、网络武器和生物武器并列成为国家战略威慑工具，打破全球安全领域战略平衡[14]。2019年5月，美国智库生物防御蓝丝带委员会提出"生物防御曼哈顿计划"概念，或将加速这一进程。

国际政治经济安全秩序动荡。伴随新科技革命发展，新兴大国正在不断调整其外交、经济和其他资源，与既有大国在太空、网络、海洋等其他具有战略价值的新疆域产生了矛盾与冲突。西方主导的全球政治经济格局运转不灵，国际秩序持续动荡。生物科技变革作为新科技革命的一部分，自然成为国际秩序调整期大国竞争的重要筹码。

美国态度有所转变。作为世界生物科技强国、曾经的生物武器拥有大国，美国对生物军控进程态度有较明显转变。从20世纪70年代"积极"参与主导生物军控，到进入21世纪对公约核查议定书草案的断然否定、政府生物防御预算的急剧攀升及更加强调生物技术的出口管制，显示出美国越发缺乏耐心及其单边主义倾向。这种基于传统的现实主义安全观、狭隘的军事安全观的做法，显然不利于全球战略稳定。

生物武器扩散和生物恐怖威胁上升。生物武器扩散在军事上可以构成一种威慑，在恐怖活动等非军事冲突中则是一种全新手段，其复杂性不可低估。从技术层面看，生物武器比核武器有更大的扩散潜力和威胁，生物DIY趋规模化。目前防止生物武器扩散的

11　Jonathan BT. A Farewell to Germs: The U.S. Renunciation of Biological and Toxin Warfare, 1969—70[J]. International Security, 2019, 27(1):107-148

12　王小理.展望2050年国防生物科技创新前景[N].光明日报,2019-02-23

13　朱联辉,田德桥,郑涛.从2013年《禁止生物武器公约》专家组会看当前生物军控的形势[J].军事医学,2014,38(2):109-111

14　王小理.网络生物安全：大国博弈的另类疆域[N].学习时报，2019-04-24

有关条约，对于一些非国家行为体或恐怖组织基本没有法律约束力[15]。美国哥伦比亚大学战争与和平研究所主任理查德·贝茨警告，现在"彻底毁灭的危险变小了，但大规模杀伤的危险更大了"。

四、以人类命运共同体视野把脉国际生物军控走向

生物科技是涉及人类自身的内在指向的新兴科技，与人类社会发展方向密切相关。生物科技的巨大变革，将次序传导为国际生物军控和生物安全体系、进程的变革，对安全战略思想、国际安全格局、人类和平和发展事业产生深远的影响。设想未来10～15年，可能有两种极端的情形。

第一种情形，单极独霸。美国率先突破、牢牢掌握生物科技第三次变革，同时坚持霸权主义和大国战略竞争等文化，将极大可能塑造全新的安全事态、势态、时态、世态。既有国际生物军控体系理论和现实的基石将被根本颠覆，美国或直接从生物军控体系中"退群"，人类和平事业面临断崖式下跌。

第二种情形，多极共存。包括美国、中国、英国等几个国家先后迈进新生物科技革命，人类命运共同体、全球生物安全共同体理念逐步得到国际社会普遍认同，坚持共同、综合、合作、可持续的新安全观，大国关系深度调整，且采取个体、团体、国家、国际、全球层面的协调治理模式，积极回应军控进程大变量，则未来生物科技变革潜能有望有序释放，国际生物军控与裁军态势趋于良好，而生物科技对人类发展事业的价值将充分放大，国际发展不平衡得到优化甚至逆转。

展望未来，生物科技参与人类命运共同体塑造是一个长期进程，充满众多变数和不确定性。在此两种极端情形之外，还有多种更可能的情形。中国政府一贯主张全面禁止和彻底销毁包括生物武器在内的一切大规模杀伤性武器[16,17]。作为底线，我国必须保持战略定力，苦练内功，跨越生物科技变革鸿沟和治理挑战，牢牢掌握新生物科技变革的主动权。

总之，生物科技发展及其衍生安全问题，已经逐渐触及人类安全观念和现代文明的内源性危机或挑战，而任何一个主动或被动介入这一历史进程的个体与群体都有着自己的现实责任和历史使命。人类命运共同体思想既是把握以生物科技等为代表的新一轮科技革命发展的总体世界观，又是实践方法论，值得我们深入探索、主动作为。

（中国科学院上海巴斯德研究所　王小理）

（天津大学　薛　杨）

（中国现代国际关系研究院　杨　霄）

15　刘建飞.生物武器扩散威胁综论[J].世界经济与政治，2007，8:49-55

16　禁止生物武器公约[EB/OL].[2019-09-15]. https://www. fmprc. gov. cn/web/wjb_673085/zzjg_673183/jks_674633/zclc_674645/hwhsh_674653/t119271.shtml

17　中华人民共和国和俄罗斯联邦关于加强当代全球战略稳定的联合声明[EB/OL].[2019-06-06].http://www.gov.cn/xinwen/2019-06/06/content_5397869.htm

第十章

生物武器军备控制与新形势下的国际生物安全

在冷战期间国际军控的大背景下，以《禁止生物武器公约》为核心的国际生物武器军控体系应运而生，至今仍是生物安全国际治理的基本架构。然而因为核查机制难产，致使这一军控体系履约乏力。而近年来由于新生物科技快速发展，生物安全研究和国际治理机制愈发显得滞后，国家间战略竞争态势和意见分歧正进一步加剧人类共同面临的生物安全威胁，国际生物安全议题的重要性与紧迫性日益凸显。

一、约法已立、履约难产

第一次世界大战期间的细菌战催生了国际社会对生物武器的普遍禁忌，生物武器军控应运而生。1925年6月，国际联盟在瑞士日内瓦签署《关于禁止在战争中使用窒息性、有毒性或其他类似气体和细菌作战方法的议定书》（即《日内瓦议定书》），至今其仍发挥法律效力。可惜的是，作为战时法则的议定书，在不久之后的第二次世界大战中未能有效约束细菌和毒素武器的使用。

在冷战高潮时期，美国首倡，苏联和英国响应，1971年达成了《禁止细菌（生物）及毒素武器的发展、生产及储存以及销毁这类武器的公约》（简称《禁止生物武器公约》）。从战时法则到全面禁止，《禁止生物武器公约》1975年的生效标志着生物武器军控进入了一个全新时代。然而这份公约只完成了前半篇文章，强调通过加强各国的国内立法和内部措施全面禁止生物武器的发展、生产和储存。而作为后半篇，《禁止生物武器公约》并未提出具体的禁止清单（试剂、物种等）和阈值等，也未解决防御性研究与进攻性开发的区别问题，最关键的是未形成履约核查制度。

二、人虽同舟、前缘难续

《禁止生物武器公约》自生效后，每5年召开缔约国审议大会。冷战结束后，为解决履约问题，1991年第三次审议会决定设立特设专家组，谈判制定《禁止生物武器公约》核查议定书。从1995年特设专家组成立直到2001年第五次审议大会，由于"在某些关键议题上持续存在观点和立场分歧"（实际上是美国的坚决反对），议定书草案未能通过，耗时7年的谈判成果最终搁浅。此后，每年举行的缔约国年会和专家组会及一系列"会间会"基本沦为"国际论坛"，进展缓慢、成果寥寥。每5年举行的审议大会更是分歧严重、乏善可陈。

最近的第八次审议大会于2016年11月召开，中国立足加强《禁止生物武器公约》有效性和普遍性，提出了在《禁止生物武器公约》框架下制定"生物科学家行为准则范本"和建立"生物防扩散出口管制与国际合作机制"两项倡议。除此之外，直到2019年8月的专家组会和12月缔约国会，公约的履约依然步履维艰。核心分歧在于，冷战结束后，保有生物科技优势符合发达国家利益，普遍生物军控妨害其谋求单边优势的收益。

然而伴随着生物科技的高速发展，国际生物军控"逆水行舟"之势愈发严峻，新疫情、新威胁、新挑战层出不穷，对新的国际生物安全治理机制的需求日趋迫切。

三、世殊时异、当谋新局

高新科技助力下的新型生物威胁和挑战正在以全新形态呈现，在享受生物技术带来发展红利的同时，人类也面临着生物技术误用和滥用、生物技术武器化、生物恐怖主义等严峻挑战。更大的问题在于，现代生物科学与通常认识的以生物分类学、观察生物学和实验生物学等为主体的传统生物学已截然不同。在分子生物学方法等先进技术的支撑下，现代生物科技极大提升了人类研究生物、改造生物甚至设计生物的能力，也因此极大拓展了生物安全威胁和挑战的范畴。

新型生物安全威胁的特殊性尤其是技术两用性异常突出，保护还是威胁只在一念之间。发达国家凭借技术优势掌握疫苗和特效药物，就足以实现对发展中国家的全面掌控。在此情况下，国际生物军控的领域与范畴被迫大为拓展，诸如新生物技术伦理等新议题层出不穷，国际生物军控分歧和战线不断延展。

生物安全问题是最突出的全人类共同命题，是最具代表性的人类命运共同体议题。以崇高的人类使命价值观为引领，坚持共同、综合、合作、可持续的生物安全观，将是破解生物军控困局的可行之道，也将成为新形势下国际生物军控和国际生物安全治理的有效之途。

（中国现代国际关系研究院　杨　霄）

第十一章

生物武器、生物军控、生物安全：挑战与应对

生物武器是指所有类型和数量不属于预防、保护或其他和平用途所正当需要的微生物剂或其他生物剂、毒素，不论其来源或生产方法如何，为了将这类物剂或毒素使用于敌对目的或武装冲突而设计的武器、设备或运载工具（《禁止生物武器公约》第一条）。

生物军控是指国际社会对生物武器的发展、试验、部署和使用的管控。

生物安全是指防护与生物有关的各种因素对社会、经济、人类健康及生态环境所产生的危害或潜在风险[1]。

生物军控因生物武器而起，无生物武器则无生物军控的必要；生物军控又以消灭生物武器为最终目标，故生物武器消亡之日，亦是生物军控完成历史使命而消逝之时。生物安全主要因生物武器而起，但生物安全应对的范围又不止于生物武器，因此，生物安全比生物军控范围更广、任务更重。生物安全需应对两大风险，即故意活动产生的风险和过失活动产生的风险。其中，故意活动产生的风险主要是研究、设计、生产、运输、使用、储存生物武器，而过失活动产生的风险主要是生物科研、实验、管理中因过失而产生的有害后果或潜在危害。从此意义而言，生物军控可视为生物安全的一部分，且为关键部分。

一、挑战

当今，生物安全尤其是生物军控形势不容乐观，面临严峻挑战。

（一）生物安全形势十分严峻，国际生物安全威胁复杂多样

传统生物安全问题与非传统生物安全问题交织，外来生物威胁风险与内部监管隐患并存，快速发展的生物技术对人类社会产生多方面影响。一是国家生物武器威胁并未彻底消除，生物技术将给未来战争带来革命性、颠覆性影响；二是炭疽杆菌、蓖麻毒素等经典生物战剂具备易获取、毒性高和损伤强等特点，易用于制造恐怖事件；三是突发传染病疫情传播范围广、传播速度快、社会危害影响大，已经成为全球公共卫生中的重点和热点领域；四是生命科学领域的相关研究不断取得突破，其研究成果造福人类的同时，也不可避免带来安全隐患；五是高等级生物安全实验室数量激增，带来实验室泄

1　高一涵,楼铁柱,刘术.当前国际生物安全态势综述[J].人民军医,2017,60(Z6):355

漏、监管漏洞等安全问题；六是国际生物军控斗争日趋激烈，维护本国安全利益、洞悉和遏制他国战略的合作与斗争相互交织，生物军控前景充满变数[2]。

（二）禁止生物武器的国际法机制不仅固存缺陷，且未能与时俱进，时至今日已不能匹配生物军控、生物安全所需

禁止生物武器的国际法机制包括禁止生物武器的国际法及其运行机制。其中，禁止生物武器的国际法又主要由国际条约、国际习惯构成。因为是否存在禁止生物武器的国际习惯尚难断言，所以，确定的禁止生物武器的国际法主要指1972年《禁止生物武器公约》（Biological Weapons Convention，BWC）及1925年《日内瓦议定书》等其他国际条约中的相关规定。而禁止生物武器的国际法运行机制除了BWC的运行机制，还包括国际裁军、军控、反恐的运行机制，尤其是管制大规模杀伤性武器的相关运行机制，也包括各国为直接或间接禁止生物武器而采取的立法、执法等行动。

禁止生物武器的国际法机制存在以下缺陷，且至今未能消除。

（1）BWC第一条"预防、保护或其他和平用途所正当需要"的规定实际为防御性生物武器的研究、设计、生产、运输、使用、储存留下了"后门"。而武器本身就是双刃剑，绝大多数武器兼具进攻性和防御性，要区分是否为"预防、保护或其他和平用途"，即便是公开核查也很难评判，何况公开核查对目前的国际社会而言实属遥不可及。

（2）BWC第三条"不以任何方式协助、鼓励或引导任何国家、国家集团或国际组织制造或以其他方法取得上述任何物剂、毒素、武器、设备或运载工具"的规定未将恐怖主义组织、反政府武装等非国家、国际组织主体纳入进来，将BWC管辖范围仅限定于"主要合法主体"，无异于自缚手脚。笔者根据美国马里兰大学恐怖主义数据库的数据统计分析后发现，1970～2018年，全世界共发生191 464次恐怖主义袭击，包括但不限于生物手段35次、化学手段336次、武器类型未知的16 621次，使用者主要是非国家行为体[3]。虽然使用生物武器的袭击所占比例极低（武器类型未知的袭击中可能部分使用了生物武器），但是，国家和国际组织以外的主体在使用生物武器则是确定无疑的。而对此形势，BWC停留在专家讨论及缔约国和专家建议层面，几乎看不到有效的实际应对措施。

（3）BWC虽然既有缔约国提出修正案的规定（第十一条），也有审查公约实施情况的规定（第十二条），但因缔约国之间分歧太大，迄今为止未能达成一份议定书[4]，也未能形成有效核查机制。会议是BWC运行机制的重要组成部分。BWC有审议大会、缔约国会议及专家组会议三种正式会议。2016年11月在瑞士日内瓦召开了BWC第八次审议大会，各缔约国围绕生物科技发展、国际合作、国家履约与应对违约国际援助四大议

2　高一涵,楼铁柱,刘术.当前国际生物安全态势综述[J].人民军医,2017,60(Z6):355

3　GTD 1970-2018[EB/OL].[2019-10-31].https://gtd.terrorismdata.com/files/gtd-1970-2018/

4　成员国在1994年的特别会议上决定成立特别工作组，制定一份对于成员国具有法律约束力的协议草案。但是在2001年12月的第五次审议会议因美国要求会议"明确终止"特殊工作组的使命，反对就进一步加强BWC的措施进行谈判而被迫休会。2002年11月11日，BWC第五次审议会议在日内瓦复会

题，集中探讨了国际生物安全治理面临的重大问题[5]。中国与巴基斯坦共同提交的"建立生物科学家行为准则范本"是此次审议大会重要议题之一[6]。2017年12月4日至8日，在联合国日内瓦办事处万国宫召开BWC的2017年缔约国会议，114个缔约国参会。这次会议上，"制定生物科学家行为准则范本"倡议成了BWC专家组会议题[7]。2019年7月30日，中国外交部和中国科学院在日内瓦联合国办事处举办BWC的2019年专家组会议边会。边会以"加强生物安全实验室能力建设，促进生物科技合作交流"为主题，围绕生物科技的误用与谬用风险增大、非传统生物安全威胁更为多元、生物安全实验室有效风险管理、中国的生物安全实验室建设、武汉国际生物安全培训班等议题进行介绍与讨论[8]。BWC的三大会议是缔约国联络、沟通和交流的平台，在信息交流、加强履约机制建设方面发挥了一定作用，但是坦白而言，这些会议的成果乏善可陈。

（4）BWC一直缺少一个有力的执行机构。第六次审议会议（2006年）对BWC进行了全面审查，同意设立一个执行支助股，以协助缔约国履行BWC[9]。这么一个重要的国际公约，直到生效31年后才设立一个执行支助股，迄今工作人员不过4名。这么一个弱小的执行支持机构，与有着约500名员工的禁止化学武器组织和拥有约2560名员工的国际原子能机构相比[10]，可谓相差甚远；更重要的是，与BWC运行实际所需完全无法匹配。

（三）全球军控面临不稳大势，生物军控外部环境有恶化之虞

中国国务委员兼国防部部长魏凤和在2018年第八届北京香山论坛开幕式上就指出，放眼当今世界，在多极化、全球化深入发展的同时，逆全球化趋势有所抬头，国际体系和国际规则遭遇新挑战，传统和非传统安全威胁相互交织，安全问题的联动性、跨国性、复杂性日益凸显。俄罗斯国防部长绍伊古在2019年第九届北京香山论坛上更是直言，在军备控制领域，多年来确保稳定和权力平衡的多层次安全系统正遭到破坏。这是美国拒绝批准《全面禁止核试验条约》，并从《限制反弹道导弹系统条约》和《消除中程和中短程导弹条约》（简称《中导条约》）单方面退出造成的。我们相信促使华盛顿单方面退出《中导条约》的真正原因，是美国谋划遏制中国和俄罗斯的威慑力。

2019年8月2日，美国正式退出《中导条约》，同日，美国国防部宣布近期将试射巡航导弹[11]。美国退出条约后恢复中导研发和部署，将严重影响全球战略平衡与稳定，

5　薛杨，王景林.《禁止生物武器公约》形势分析及中国未来履约对策研究[J].军事医学,2017,41(Z11):917

6　我国代表参加《禁止生物武器公约》2018年专家会并做专题发言[EB/OL].[2019-10-30].http://www.most.gov.cn/kjbgz/201808/t20180829_141420.htm

7　刘俊卿.来听一下《禁止生物武器公约》2017年缔约国会议上的天大声音[EB/OL].[2019-10-30].http://www.sohu.com/a/210919558_355396

8　《禁止生物武器公约》2019年专家会议中国边会举办[EB/OL].[2019-10-28].http://www.cas.cn/yw/201907/t20190731_4705936.shtml

9　禁止细菌（生物）及毒素武器的发展、生产及储存以及销毁这类武器的公约[EB/OL].[2019-10-28].https://www.un.org/zh/disarmament/wmd/biological.shtml

10　王小理,薛杨,杨霄.国际生物军控现状与展望.学习时报，2019-6-14

11　美国正式退出中导条约中方：深表遗憾并坚决反对[EB/OL].[2019-10-28].http://mil.news.sina.com.cn/china/2019-08-02/doc-ihytcitm6496096.shtml

加剧紧张和不信任，冲击现有国际核裁军和多边军控进程，威胁有关地区和平与安全。以美国退出《中导条约》为标志，全球军控面临失控风险，这种不稳定的外部环境，将对生物军控产生重大的不利影响。大国之间军力和武器装备保持适度平衡，在此基础上通过双边、多边条约进行军控与裁军，同时在打击恐怖主义方面保持必要合作和忍让，这是过去几十年全球虽然局部战争偶有发生，恐怖袭击时有发生，但总体安全形势尚属可控的重要原因。现在美国退出《中导条约》，意味着全球战略平衡与稳定被打破，大国之间的军备竞争必然牵扯打击恐怖主义的精力，一部分非国家组织完全可能乘势而起，全球安全形势难言乐观。

（四）建立在生物技术基础上的生物安全能力差异过大，极不均衡

由于经济、科技等实力悬殊，与发达国家相比，发展中国家在生物技术方面落后很多，再加上生物安全能力建设投入严重不足，发展中国家的生物安全能力相对较弱。而且，越是生物技术发达的强国，越是认识到了生物安全的重要性，而生物技术相对落后的国家，对生物安全重要性也认识不足。这就形成了强者越强，弱者越弱的不良循环。例如，生物技术最强的美国，对生物安全极为重视。美国于2001年10月发布《爱国者法案》（UA Patriot Act），2012年7月发布《生物监测国家战略》（National Strategy For Biosurveillance），于2018年9月发布《国家生物防御战略》（National Biodefense Strategy），于2018年12月发布《打击大规模杀伤性武器恐怖主义国家战略》（National Strategy for Countering Weapons of Mass Destruction Terrorism）。在具体政策方面，2012年美国国家生物安全科学咨询委员会（National Science Advisory Board for Biosecurity，NSABB）发布了《美国政府生命科学两用性研究监管政策》，2013年美国白宫科技政策办公室（Office of Science and Technology Policy，OSTP）发布了《美国政府生命科学两用性研究机构监管政策》。正因为力量悬殊、差异过大，在建立 BWC 核查机制方面，缔约国之间难以达成互信一致；在履行 BWC 方面，发达国家强调公约的第三条，而发展中国家要求严格执行公约的第十条[12]。这种不断扩大的差异化，不仅不利于形成有力的禁止生物武器国际法机制，而且生物技术与生物安全能力薄弱地区面临两大风险：第一大风险是容易成为生物技术滥用（包括制造和使用生物武器）及生物攻击之地，第二大风险是无法识别和应对他国违反 BWC 甚至发展生物武器的行为，这事实上弱化了 BWC 地位和作用。

二、应对

以上挑战现实而紧迫，尤其是生物军控乏力，给生物恐怖主义可乘之机，足以对人类和平安全产生致命威胁。这就需要国际社会采取有力应对措施，避免地球受生物威胁之祸。因此，有必要从多方面着手，完善和强化禁止生物武器的国际法机制，加强生物科研管理，确保先进两用生物技术安全，加强发展中国家生物安全能力建设。

12　在实施本公约时，应设法避免妨碍本公约各缔约国的经济或技术发展，或有关细菌（生物）的和平活动领域内的国际合作，包括关于按照本公约条款使用于和平目的的细菌（生物）剂和毒素以及加工、使用或生产细菌（生物）剂和毒素的设备方面的国际交换在内

（一）完善和强化禁止生物武器的国际法机制

当前，禁止生物武器的国际法机制主要面临两大问题，一是缔约国之间差异与分歧所造成的难以达成一致，二是禁止生物武器的国际法体系不能适应生物技术进步、恐怖主义发展及国际军控变化。因此，建议以联合国宪章为基础，在联合国安理会主导下，建立一个国际生物安全委员会，并由该委员会联络协调BWC缔约国，就以下措施达成一致：①生物技术交流、生物信息交换、生物安全国家战略与计划（包括打击生物恐怖主义）；②建立在生物安全委员会指导下的BWC履约组织，加强BWC履约能力建设；③开展BWC生物安全议定书研究，或者开展《生物安全条约》研究，及时向联合国安理会提交专家草案与建议，推动国际法从禁止生物武器向全面生物安全转变，拓展BWC边界，强化执行措施。2019年6月《中俄关于加强当代全球战略稳定的联合声明》提到，BWC应得到遵守和强化，包括通过达成含有有效核查BWC履行机制的议定书，实现共同应对BWC框架下的存疑活动等方式。双方反对建立与BWC功能重复且绕开联合国安理会运作的国际机制。澳大利亚集团应不属于"与BWC功能重复且绕开联合国安理会运作的国际机制"。因此，有必要增强以BWC履约为核心的国际法体系，建立有法律约束力的生物两用技术管制，尤其是进出口管制体系与机制。

（二）加强生物科研管理，确保先进两用生物技术安全

生物科学是21世纪最具潜力的一个研究领域，同时也是风险较大的一个领域。尤其是人工智能快速发展，使两者结合成为大概率事件。而人工智能与生物科技结合产生的成果，既能极大造福人类，也可能失控或被用于战争和恐怖主义。因此，有必要加强生物安全管理，做到两个确保，一是禁止破坏伦理的生物科技研发与应用，二是先进生物科技成果不得向恐怖主义组织或极端组织转移。这既是国际法的目标，也是国内法的重要任务。

（三）加强发展中国家生物安全能力建设

发展中国家有的经过多年努力，已经在经济、技术等方面奋起直追，有望步入发达国家行列，但更多的国家仍无法掌握自己的命运，沦为发达国家原材料或劳动力供应地，经济和科技十分落后。因此，发展中国家生物安全能力建设任重道远。但是，任何一个国家生物安全的坍塌都可能对全球安全构成重大威胁。因此，加强发展中国家生物安全能力建设是国际社会的重要课题，发达国家应该在其中担负重要责任，并为此提供必要的经济、技术支持。

三、结语

生物武器可谓源远流长，然而却如幽灵，如恶魔，对人类安全造成了巨大威胁，因此与核武器、化学武器并列为三大大规模杀伤性武器。但是同核武器、化学武器相比，生物武器的稳固性、可控性、移动性大不如前者，因此在战争和恐怖袭击中极少被采用。无论是国家还是非国家武装组织和恐怖主义组织，对生物武器的兴趣也远不及常规武器和核武器。尽管如此，一则生物武器便于隐蔽施放、危害巨大，二则科技突飞猛

进，为制造稳固性、可控性、移动性更好，杀伤力更大的生物武器提供了条件。因此，对生物武器加强管控非常有必要。

以BWC为基础的生物军控取得了一定的成效。但是，一方面BWC履约机制不够有力，另一方面国际裁军与军控出现了新变化，生物军控前景的不确定性大为增加。因此，国际社会有必要凝成共识，加强BWC履约机制，在新的复杂局势下采取更有力、有效措施强化生物军控，确保包括生物武器在内的大规模杀伤性武器得到有效管控。

生物安全是比生物军控更大的课题，也是生物科技快速发展形势下人类面临的一个紧迫而实际的重大课题。攻克这个课题，需要各国，尤其是发展中国家加强生物安全能力建设，也需要国际社会联起手来，通过制定生物安全条约或BWC的生物安全议定书，形成统一、有力的生物安全国际法体系。在此基础上，构建运行高效、注重实效的保障生物安全的国际机制，为人类和平与发展护航。

（湖南权度律师事物所　徐丰果）

第十二章

生物安全领域科技风险分析

近年来，随着生物技术与其他尖端技术的不断交叉汇聚，促进了一系列颠覆性、变革性和引领性前沿尖端技术的发展。传统生物安全威胁并未消除，重大新发突发传染病疫情、生物恐怖袭击、生物技术误用谬用、实验室病原体泄漏等非传统生物安全问题更加突出，生物安全领域科技风险持续加大。

一、全球主要国家生物安全科技战略升级

美国等发达国家高度重视生物安全科技发展，出台了一系列关于生物安全科技发展的重要战略，着力加强生物安全科技顶层布局和战略部署，强化防范战略设计，客观反映了生物安全科技已受到高度关注。美国国家科学院《生命科学的两用性研究：现状与争议》聚焦科技研究成果的透明性与保护国家安全秘密之间的矛盾，提出生物科技取得的突破性进展可能被恐怖主义利用。美国《国家生物防御战略》[1]促使美国生物安全科技相关工作全面升级，强调防御全谱生物威胁，将蓄意的生物威胁及自然发生和意外暴发的生物威胁纳入生物防御范畴。美国《联邦管制生物剂计划2018～2021财年战略规划》（FSAP）应对管制生物剂滥用可能对公众造成的威胁，建议开展人员招募审查、基于人工智能的大数据分析及提高研究的透明度等。美国《全球卫生安全战略》对如何利用生物科技营造全球卫生霸权态势进行明确部署，为生物安全监测哨点和实验室全球布局提供了依据。英国《国家生物安全战略》保护英国及其利益免受生物技术滥用造成的重大生物风险破坏，聚焦自然疫情、实验室事故及生物技术谬用所致的蓄意攻击等风险。美国约翰斯·霍普金斯卫生安全中心研究团队发布《应对全球灾难性生物风险的技术》报告[2]，最终确定了五大类共15种与公共卫生准备和应急响应密切相关的技术，并提出强化全新理念、注重技术集成、突出学科交叉、加强医学防治等思路。

二、生物安全领域科技发展不确定性加剧

随着生物信息学、基因组学和合成生物学等相关生物技术的进步，生物安全技术

---

1 NATIONAL BIODEFENSE STRATEGY[R/OL]. [2019-12-03]. https://www.whitehouse.gov/wp-content/uploads/2018/09/National-Biodefense-Strategy.pdf

2 Technologies to Address Global Catastrophic Biological Risks[R/OL]. [2019-12-03].https://www.centerforhealthsecurity.org/our-work/pubs_archive/pubs-pdfs/2018/181009-gcbr-tech-report.pdf

成熟度越来越高，技术门槛越来越低，生物安全科技发展的不确定性大幅增加。一是合成生物的应用范围日益广泛，合成生物的安全性也正逐步引起人们的关注甚至担忧。近年来，合成生物学的快速发展，使得生物体的人工合成与改造变得越来越容易。合成生物学研究中大量涉及来自病毒、致病性细菌和真菌的强毒力基因元器件，随着相关研究深入推进，被设计和使用的毒性基因元件和调控元件的数目从少数几个跃升为几十个、上百个，乃至整个基因组都可被重新设计和编辑改造，为制作新型生物战剂或基因武器提供可能。二是基因编辑技术所致伦理问题日益突出，恶意生物信息编辑成为新安全隐患。美国国家情报总监克拉珀在2016年全球威胁评估报告中声称："进行基因编辑技术操作的国家所采用的法规或伦理标准不同，有潜在的生产有害生物试剂或产品的可能性。"2018年11月，贺建奎宣布，其运用CRISPR/Cas9基因编辑技术，敲除了胚胎的CCR5基因，一对能天然抵抗艾滋病的基因编辑双胞胎已经诞生，成为世界上首例基因编辑婴儿，这严重违反中国政府的法律法规和科学界的共识。三是生物大数据技术可能利用敏感生物数据，产生生物信息（数据）安全或者网络生物安全等问题。对生物大数据的掌握已经成为国际战略博弈领域的隐形疆域，部分国家以国家政策配合各种行业规则，隐形调控生物信息的国际流动，变相进行"生物盗窃"。此外，科学技术的发展、全球化进程的加速、信息传播速度的加速及科技出版的变化等，使得两用生物技术研究相关的电子信息和在线传输及信息的存储更敏感，易于被黑客攻击。

三、我国生物安全领域科技风险重大问题分析

从理论上讲，现代转基因技术、基因编辑技术完全能够根据人类需求"改造生物"，有可能改造常见的病原体并引发不同人种生病、死亡。合成生物学技术则能够"创造生物"，目前脊髓灰质炎病毒、马痘病毒等都已经可以人工合成。生物大数据与人工智能等技术快速发展，可能与生物技术交叉融合，产生"叠加效应"。生物安全科技风险显著增加。

一是生物技术科研活动缺乏有效约束，生物安全人员技术误用谬用问题日益凸显。随着现代生物科技的快速发展，生物安全研究人员日益增多。生物安全研究人员在日常工作中，往往有机会和条件接触到与生物安全研究相关的涉密事项、涉密场所、要害部位及保密设施、设备等。但是，由于部分人员存在培训不到位、风险意识差、标准化操作依从性低等问题，生物技术误用谬用情况时有发生，导致生物安全风险隐患。例如，2004年我国发生的生物安全实验室SARS病毒泄漏事件，北京和安徽两地共出现9例SARS确诊病例，800余人被医学隔离。2019年11月，中国农业科学院兰州兽医研究所先后报告有4名学生布鲁氏菌病血清学阳性。截至2019年12月7日，共有317名师生接受布鲁氏菌检测，其中96人呈血清学阳性。这些事件大多由人员安全意识淡薄、操作不规范造成，导致民众对疫情是否卷土重来产生疑虑，造成社会恐慌。

二是我国人类遗传资源流失风险持续存在。我国具有较好的生物信息资源工作基础和巨大开发潜力，但我国生物信息资源存储与利用渠道均严重依赖于国外，生物信息的所有权和掌控权受到严重制约。基于生物大数据技术的生物信息资源尤其是我国特殊人类遗传资源数据的研究，存在潜在的生物安全风险隐患。2015年以来，科技部对深圳华大基因科技服务有限公司、复旦大学附属华山医院等6家违规开展人类遗传资源相关活

动的机构进行了行政处罚，并于2018年10月进行政府信息公开，引发了相关舆情。我国许多生物数据处于"出口转内销"的模式，科研数据提交到国外数据库，需要数据时又不得不从国外数据库下载，生物信息资源自由地流向国外。对于这种不加辨别的生物信息缴存处理方式，特别是对于我国已出现的民族基因信息向国外流失的现象，必须保持高度警醒。

三是两用生物技术误用谬用所致的伦理学问题，处理不当可能引发国际社会对我国进行技术封锁，损害我国生物安全人员的全球声誉。2018年11月贺建奎宣布，其运用"CRISPR/Cas9"基因编辑技术，敲除了胚胎的CCR5基因（HIV入侵机体细胞的主要辅助受体之一），以实现病毒无法入侵人体细胞的天然免疫效果。一对能天然抵抗艾滋病的基因编辑双胞胎已经诞生，成为世界上首例基因编辑婴儿事件在国内外引起轩然大波。中国上百名学者联合署名发表声明，强烈谴责贺建奎"基因编辑婴儿"的行为，认为无论是从科学还是社会伦理的角度考虑，在没有解决一些重要的安全问题之前，任何执行生殖细胞系编辑或制造基因编辑人类的行为都是极其不负责任的。中国遗传学会基因组编辑分会和中国细胞生物学会干细胞生物学分会认为该研究严重违反中国政府的法律法规和中国科学界的共识，在科学、技术和伦理方面存在诸多问题，并可能对中国生物医学研究领域的声誉和发展造成巨大打击。2019年12月30日，基因编辑婴儿案一审宣判，贺建奎被判有期徒刑3年，并处罚金人民币300万元。

我国生物安全领域科技监管发展滞后，与我国的安全需求很不适应。建议我国建立更加完善的生物安全科技管理法律法规制度，提升国家生物安全科技风险防范水平。

（军事科学院军事医学研究院　张　音）

第十三章

生物黑客的发展现状及行为范式研究

1988年1月31日，《华盛顿邮报》发表文章《在地下室里扮演上帝》，其中首次出现了"生物黑客"一词[1]。而当时，人们的注意力全部聚焦在计算机黑客身上，没有人注意到这群用自己身体进行各种基于基因学、生物学和医学实验研究的冒险者，但有人已经做出了自己的行动。控制论的开山之作——《控制论：或关于在动物和机器中控制和通信的科学》的作者诺伯特·维纳（Norbert Wiener），已经把第一个射频识别（RFID）装置植入体内，成为生物黑客体内植入的第一人[2]。随着生物技术、信息技术、网络技术、纳米技术等交叉学科类技术发展，生物黑客的目标已经从早期的"体外穿戴"变成了更便捷的"体内植入"，从早期的"能力增强"，变成了今天的"基因改造"和"脑机互连"，逐渐从一个极小众群体发展壮大，走到了大众面前。今天，生物黑客所拥有的技术能力、社会影响力及取得的成功案例均已经发生了巨大改变，需要我们从发展历程和现状中分析生物黑客群体的行为范式，预判出生物黑客的发展方向。

一、生物黑客的发展现状

伴随着科学技术的突飞猛进，许多科学成果不仅促进了人类的文明进步，也间接促进了生物黑客理念的宣传、群体的壮大、技术的提升，呈现出不同于以往的发展特点。

（一）明星成员加入

如果把时光倒退回10年前，生物黑客群体还不为大众熟知，只是在生物科技圈中"小"有名气，只是一些不为大众"熟悉"的爱好者。他们的名字仅限于在生物科技圈中极狭窄领域或范围中传播。但如果今天，我们提到微软的创始人比尔·盖茨（Bill Gates）、Facebook创始人马克·扎克伯格（Mark Zuckerberg）和Tesla创始人埃隆·马斯克（Elon Musk）时，几乎无人不知、无人不晓。盖茨创造了桌面操作系统，扎克伯格创造了人类社交的新型平台，马斯克开创了企业科学研究的新模式。虽然，他们所在的行业不同，但都是生物黑客的拥趸。盖茨曾在接受《连线》采访时说，"如果你想

---

1 Schrage Michael. Playing God in Your Basement[N].The Washington Post.1988-01-31
2 用科技禁忌突破人类极限 生物黑客到底是种什么存在 [EB/OL].[2019-4-21].https://tech.sina.com.cn/it/2019-04-21/doc-ihvhiewr7380693.shtml

用伟大的方式改变世界，就从生物分子开始吧[3]"。他还说，如果他还是个少年，他就会做生物黑客了。马斯克认为"人类生物学和技术必须融合，才能让人类跟上技术进步[4]"。这些世界首富、企业明星、科技狂人认同生物黑客发展理念、活动方式和研究方向，再加上他们自身拥有强大的资金实力、科技人才和研究资源，以及企业研究的灵活性，加快了技术的创新和突破。马斯克的脑机结合公司Neuralink及其研究成果，本身就是生物黑客行为企业化的"作品"。生物黑客已经不是单打独斗，而是变成了团体化、群体化和企业化的行为。信息革命中"车库"创业成功的巨大诱惑，也会形成一种推动力量，激发生物黑客的研究热情。

（二）研究门槛降低

1.科技信息的获取便捷

科技论文的阅读价格因为论文界"黑客"们反知识垄断的努力变得越来越低。过去，如果个体没有大学或研究机构的身份，想要获取一篇科技论文都是要付费的，而且价格不菲。以国内某网站为例，每页论文下载要花费近0.5元人民币。而如今，任何人都可以在网络上免费或低价获取这些论文内容。这大大降低了知识获取的成本，意味着稍有经济能力的个人，就可以借助自己的智慧，在不影响生活质量的前提下去追寻自己的目标。青春药、益智药、生化眼、数字文身、磁体感知……听起来很科幻，而有的已经是生物黑客们的"杰作"了。

2.技术能力的获取便捷

绘制人类基因组草图整整用了11年时间，有6个国家参与，耗资30亿美元，人类基因组计划被誉为生命科学领域的"曼哈顿计划"。但随着现代生物科技与信息技术、纳米技术等科学技术的融合发展，基因测序等曾经的尖端技术门槛大幅度降低。今天，随着第三代基因测序技术和第三代基因编辑技术的普及，基因读取和编辑技术从过去研究机构、大型公司的"独享"，变成了普通人的"共享"。CRISPR/Cas9技术DIY工具包和其他技术的出现，意味着业余爱好者、独立生物技术公司和民间科学家也可以进行基因编辑，柏林一位生物黑客说："CRISPR似乎是有史以来最了不起的工具，你可以自己在家里做[5]。"而且，相关费用更加亲民——一个人的全基因组测序价格大约是人民币4000元，而对菌落进行测序的价格已经降至18元，合成一个DNA碱基的价格已经降至1.2元。生物超微观层面的调控技术正在让生物黑客们的愿景不断变为现实。

3.实验设备的获取便捷

互联网让人类的信息交流变得快捷高效，也让商品交换效率得到提升。在互联网上，可以购置崭新或二手的冷冻设备、稳定供电设备、清洁水源、电动搅拌器、保鲜防菌设备，也可以买到DNA扩增的机器及制造、控制和黏合DNA的化学制剂。在美国，一些生物黑客的专用网页上，一套微生物的第三代基因编辑实验套装仅售200美

3　马库斯·乌尔森（Marcus Wohlsen）.想当厨子的生物学家是个好黑客[M].肖梦,译.北京：清华大学出版社，2013

4　荷兰生物黑客将亮相首届补天杯破解大赛[EB/OL].[2019-11-21].https://www.360kuai.com/pc/90a65e52af5daddcd?cota=3&kuai_so=1&sign=360_57c3bbd1&refer_scene=so_1

5　Ledford H. Biohackers gear up for genome editing[J]. Nature,2015,524(7566):398-399

元。生物黑客的实验室不再是低级的"厨房"装置，而甚至可以媲美早期的分子生物学实验室。

（三）群体数量增大

从生物黑客的鼻祖——控制论的作者维纳教授，到现代生物黑客的赞同者——马斯克，生物黑客已经从早期的"个别人"，发展成为团体，形成群体，逐渐构建成生态圈。从目前已知的生物黑客人员分布来看，青少年和退休老人都有。他们对分子生物学非常感兴趣，渴望像信息技术一样推动一场分子生物学革命[6]。他们多数毕业于哈佛大学之类的世界名校，有些是著名科研机构的研究人员和知名科学人士，有些是非生物学领域的专家，平时他们可能以智库成员的身份出现在自己的工作单位，业余时间则按自己的想法搞生物实验，有一些生物黑客已经辞掉工作，成为专职的基因研究爱好者。

生物黑客自己组建网站和举办学术交流会议，共同分享最新研究成果，如《欧洲自己动手生物学》、美国"开放思想库"平台、生物黑客专用DIYbio.org网站。生物黑客圈也逐渐形成了Genspace、DIYbio、Grindhouse Wetwares等知名团体。据报道，仅美国的生物黑客运动企业家和业余爱好者就数以万计，每年他们聚集在美国得克萨斯州的奥斯汀召开学术会议，并逐渐形成了营养基因组学、实验生物学、技术增强和Grinder生化改造等四大类别，通过Biohack.me等在线论坛进行连接，有相同想法的人们聚集在一起交换最新的创意，在"黑"进人体系统这条路上乐此不疲。

（四）挑战范围扩大

如果说早期的生物黑客仅仅将研究放在提升人的体力上，而今天的生物黑客已经把触角延伸到人的脑力上，并将其视为当前最"时髦"、最前沿的领域。生物黑客圈中已经开始鄙视在身体上植入各种稀奇古怪的装置，把自己改造成传说中的"生化人"，而是对数据续命、人机互连、机脑互通等新型"智化人"产生了浓厚的兴趣。2019年7月，马斯克的Neuralink推出了前所未有的植入式柔性脑机芯片，实现了"生物智能和人工智能的结合"[2]。虽然此产品遭到了众多国内外心理学家、伦理学家、社会学家、生物学家等的警告和批评，但该技术在治疗与大脑相关的疾病，包括自闭症和精神分裂症及记忆力丧失等方面拥有的巨大潜力是不容忽视的。马斯克的产品正是沿袭了生物黑客们的发展思路，只不过生物黑客的研究是个体行为，而马斯克的行为已经上升为企业行为。从另一个侧面来看，2018年南方科技大学副教授贺建奎的基因编辑婴儿事件有着生物黑客行为的影子。生物黑客也开始热衷于生物基因调控，期待着从A、T、C、G碱基的组合中探寻生命体的延展。一群哈佛医学院的生物黑客正在研究如何通过操纵一种与血管生长相关的基因，让人类接近"长生不老"的秘密。

6　Editorial. Empowering citizen scientists. Scientists should consider engaging more with the DIYbio community[J]. Nature Methods, 2015, 12(9):795

二、生物黑客的行为范式探讨

生物黑客的行为范式是指所共享的信仰、价值、技术等的集合，是生物黑客团体所共同接受的一组假说、理论、准则和方法的总和，并在心理上形成了共同的信念。生物黑客有自己独有的精神家园。

（一）延续人类的探索精神

人类的主观能动性是人与动物的本质区别，也是推动人类文明进步的核心力量。人类天生就会自发地探索和研究身边的世界，挑战既定的规则和约定俗成的规定，开创性地提出自己的理论和观点，甚至不惜牺牲自己的生命。这是人类天生的追求和执着精神，是一种将自我人生价值、社会责任和人类未来有机结合起来的主动尝试。19世纪60年代，当第一代计算机还是长达数米、重达数十吨的大型主机时，得益于那些敢于挑战权威、追求高效的计算机黑客们的努力探索，才有了开源的 Linux，以及今天智能手机的安卓系统。今天，生物黑客们依旧顺应人类与生俱来的探索精神，在生物领域内开疆辟土，期待创造一个新的未来。生物黑客帕特森说，我们的实验既使人努力求知，又有益于人类，何乐而不为[7]。

（二）提倡自由发展

随着 DNA 双螺旋结构的揭示和人类基因组计划的完成，人类首次可以在生命微观空间认识自然和人类自身，并将开创生命科学和生物技术的时代。基因图谱成为"ATCG"的数字信息代码，而不再是显微镜下的生命组织。DNA 成为一种编程"语言"，细胞成为有生命的"电脑"，人们可以像组合虚拟世界中的0和1一样组合遗传密码"ATCG"。基因成为最具破坏力的力量。合成生物学是设计和构建新型生物学部件或系统及对自然界的已有生物系统进行重新设计，创造出新型或具有特定功能的生命体或生物系统[8]。如只需把一种寄生在猪身上的病毒的基因调换几个位置，便可以逃过生物体内免疫系统的捕杀，让其成为流行性病毒。

生物黑客认为这种基因的力量不应该仅仅被政府、机构、公司所掌控，所有的科学信息、知识和技术都应是免费和公开的。只有被普通人认识和使用，才能形成对社会真正的改变。生物黑客行为的中心思想，就是打破研究机构屏障，实现科学知识人人共享，防止出现技术被少数专业人士所掌握而形成的垄断操纵。

生物黑客认为科研立项、审批、报告等程序和规定，以及政治和官僚主义正在使生物学相关研究变得极为烦琐。他们讨厌科研机构的"人情世故"和条条框框，并认为这种"死板"的方式会压抑自我、抑制创新，认为通过自由实验和群体无障碍交流才能实现科学价值和人生追求，也不怕自己的"孤单工作"没有得到社会的承认[9]。生物黑

7　生物黑客 [EB/OL]. [2010-09-03].http://www.techcn.com.cn/index.php?edition-view-158824-3

8　盛立, 刘伟, 李玉霞, 等.合成生物学研究前沿的识别与趋势预测 [J].军事医学, 2015, 39(2): 143-146

9　Gewin V. Biotechnology Independent streak[J] .Nature,2013,499(7459): 509-511

客相信无拘无束的创意可能产生重要的发明，而且科学实验也可以不用很"严肃""严谨"，可以很轻松好玩，像做游戏。例如，如何从水、酒精中提取自己的基因，如何进行从简单到复杂的基因工程，让细胞发光或发出类似香蕉的气味，给细菌挂毯染色，把音乐译成编码写入DNA，人机互连、人脑互通，以及改变食物的味道和成分。自己的探索无须向任何权威解释想法，无须受到伦理、成本、制度的审查和批准，无须考虑它是否会带来丰厚利润，无须在意它是否抱着拯救人类的名誉进行，……随心所欲才是科学本来的样子。

（三）创造新的哲学世界

唯物论与唯心论的本质区别是物质和意识谁是第一性的问题。唯物论认为物质决定意识，意识是客观世界在人脑中的反映。而唯心论认为意识决定物质。法国哲学家笛卡尔融唯物主义与唯心主义于一体，提出了"心物二元论"。一元是只有广延而不能思维的"物质实体"，另一元是只能思维而不具广延的"意识实体"，这两个实体性质不同，独立于对方存在。当生物黑客的赞同者——马斯克在瘫痪人士的大脑中植入能够读取神经信息的装置，以使瘫痪人士也可以像正常人一样操控电脑或手机时，这样的意识行为便可以被当作电信号收集起来，脱离人体而存在，可以在离开身体后、在时间延迟后继续起作用。操控电脑或手机的意识行为成为一种数字信息，能够被分析和储存。相反，如果有一天，这些经过改造后的数字信息反输给人脑，是不是意味着思维从此将不再受限于个人的头脑，任何想要拥有超人认知能力的人都可以被赋能。这时候，会对现有的哲学理论产生巨大的冲击，有可能推出新的哲学世界。

（四）开创人类新形态

生物黑客倡导超越人体的极限才是人类的未来，而科技是最重要的介质。生物黑客对与人相关生物科技的探索，一方面源于可以实现自己创意并有可能创造巨大财富，期待成为生物领域的"车库传奇"；另一方面，向往成为"盗火的普罗米修斯"、生物领域的"侠盗罗宾汉"，不断在寻求人类自身体智能的突破。当前，我们一直在讨论人工智能的发展会不会超越人类，机器人会不会统治世界，机器体一旦有了"意识"后，人类社会可能遭遇什么样的危机。但生物黑客却在用另一种方式向机器靠拢，要把自己逐渐变成"有意识"的机器体。挣脱人类本体，从生物功能拓展到机器增强复制，再到意识、记忆、计算等生物能力的数码化、数字化。人类的能力已经超越了自然范围。各种外在特殊能力和增强后的感知能力，让人类的身体和精神进入到一个更广的空间和维度。那时候，我们或许会更懂得身而为人的真正独特所在。

任何强大的科技，生来都具有两面性，这种"利"可以是行善之利，也可以是作恶之利[10]。这是由技术的双重属性决定的。生物黑客的技术风暴正在崛起，人们已经

10　林德宏. 科技哲学十五讲[M].北京：北京大学出版社，2004:263

开始担心其可能带来的安全风险，但人们常常高估他们的技术能力，低估他们的道德水准。当然，其产生的技术风险问题依然需要管控，应劝导和控制其任何行为均不能突破影响人类存亡的边界。

（成都新华医院　李洪军）

（陆军军医大学　郭继卫）

第十四章

从全球卫生安全议程看美国卫生外交特点

随着全球化向纵深发展，各国联系越发紧密。传染病超越国界，对人类生活的侵袭从未像今天这般迅速。现代生物技术日新月异，各类知识的普及和材料的获取更加便捷，传染病在某些两用技术的恶意或无意助推下此起彼伏，"生物恐怖主义"成为各国生物防御的重要内容，卫生安全被视为影响国家和社会稳定的因素之一。作为世界头号大国，美国开始重新审视全球卫生安全的外交和国际政治意义。

一、美国卫生外交的历史沿革

美国外交史从未完全割除卫生安全问题。为避免国际贸易和旅游给美国本土带来外部疾病威胁，自19世纪末，美国开始积极参与国际卫生活动，倡导并建立国际卫生组织。第二次世界大战至20世纪70年代初期，迫于复杂的国际环境，预防和治疗生物武器导致的疾病是美国关注的重点。20世纪90年代之后，冷战结束，全球化步伐加快，传染病跨国界流行的可能性攀升，全球卫生安全引起美国高度关注，美政府将公共卫生问题引入外交领域，开始重新审视卫生安全对于国家安全的战略意义。

1992年，美国医学研究所发布报告《正在出现的传染病：对美国卫生的微生物威胁》，直指传染病威胁是全球化结果。1995年美国国家科技委员会建议美国应在全球传染病预防和控制中发挥更大的作用。1996年克林顿政府颁布总统令，要求建立工作小组研发传染病监测网络，同时开展业务和知识培训，在全球范围内部署和建立传染病防控人才队伍。2000年，国家情报委员会在《全球传染病威胁及其对美国的意义》中明确传染病蔓延将日益凸显全球卫生安全威胁，给美国公民及该国的海外武装力量带来负面影响。2001年，美国外交关系委员会在其《为什么卫生对美国外交政策很重要》报告中详细分析了卫生安全之于国际关系和社会稳定的意义，提出将全球卫生纳入美国外交政策的优选课题范畴。美国国会于2003年通过《美国领导抗击艾滋病、结核和疟疾法案》，总统艾滋病紧急援助计划应运而生。2009年初，奥巴马总统宣布实施"全球卫生倡议"，以统筹和优化美国在全球卫生领域的投入产出，集中政府资源应对巨大公共卫生挑战。按照规划，美国政府将在6年内投入630亿美元用于全球卫生倡议项目。因美国政府财政紧缩，奥巴马政府于2012年中止了全球卫生倡议计划，另在国务院设立"全球卫生外交办公室"，以管理公共卫生外交。2013年美国通过《新一轮合作威胁降减法案》，增加了全球卫生安全目标，即通过加强全球生物风险管理、生物监测和合作研究的能力，预防和发现生物威胁。合作生物参与计划开始大量参与WHO及其成员国的公共卫生能力建设，以促进《国际卫生条例》（2005）的落实。同年，美国国会通过《总统艾滋病紧急援助计划管理和监督法案》，该法案是美国卫生外交的综合集成和基本框架。至此，总统艾滋病紧急援助计划已与31个国家开展双边合作项目，开展地区性合作项目3个，参与机构包括美国国际开发署、国防部、卫生与公共服务部及疾病控制与预防中心。

总体来看，在小布什政府时期，美国应对全球卫生威胁的政策架构基本成型，国家向针对艾滋病、禽流感等流行病及生物恐怖主义的预防和响应准备注入了大量资金。奥巴马执政时期，全球传染病形势相对趋缓。政府延续了其对全球卫生安全的关注，切实将安全问题融入外交实践，并以"巧实力"之名夯实了其在美国外交领域的地位。美国政府通过一系列法案、总统令及相关行动计划，构建了国家卫生外交的基本框架，与多个国家建立了多边和双边卫生安全伙伴协作关系，推动并强化了以《国际卫生条例》（2005）为基本准则、以WHO为推行机构的国际卫生安全机制，并在此过程中树立了美国在全球卫生安全事务中的领导地位[1,2]。

二、全球卫生安全议程简介

（一）全球卫生安全议程的提出

基于美国对全球卫生安全的持续关注和投入，2014年2月美国政府首次提出"全球卫生安全议程"，意在融合多方合作，强化各国履行《国际卫生条例》（2005）、《禁止生物武器公约》等框架和协议的能力，维护世界安全，免受传染病带来的全球性健康威胁。GHSA是奥巴马政府一系列政策的综合集成，试图将分散在各部门的全球卫生安全投入有机地整合起来。为实施GHSA计划，2015财年奥巴马提出4.07亿美元的财政请求，包括合作生物参与计划2.57亿美元、USAID"新发传染病威胁"（EPT）项目0.5亿美元、CDC全球卫生安全部（GHSB）1亿美元。与2013财年实际拨款相比，增加了0.87亿美元[2]。

（二）全球卫生安全议程的行动框架

为了推进计划落实，GHSA先后于2014年5月、8月召开两次国际会议，在预防、监测及应对领域拟定了抗生素耐药行动方案、人兽共患病行动方案等11项"一揽子行动方案"（Action Packages），以确定未来5年目标，明确各方案的牵头国家和协作国家。联合国粮食及农业组织、世界动物卫生组织和WHO、国际原子能机构、国际刑警组织

1　Brown MD, Bergmann JN, Novotny TE, et al. Applied global health diplomacy: profile of health diplomats accredited to the UNITED STATES and foreign governments[J]. Globalization and Health, 2018, 14(1): 2

2　Implementing the Global Health Security Agenda:Progress and Impact from U.S. Government Investments[EB/OL]. [2018-03-12].https://www.cdc.gov/globalhealth/healthprotection/resources/pdf/GHSA-Report-_Feb-2018.pdf

等国际组织参与部分行动方案的具体实施[3]。

2014年9月26日，美国政府宣布首批39个参与国名单，并明确GHSA的开放性，意指任何国家都可参与其中一个或多个行动方案。截至2019年12月，已有67多个国家加入GHSA，每个成员国都承诺将在国家、地区乃至全球范围内实现GHSA既定目标。美国任GHSA指导小组组长，领导并协助GHSA各项工作，主动与全球各方共享成就，分享经验和教训[2]。

2017年GHSA成员国发布《坎帕拉宣言》，将GHSA任务执行期延长5年。GHSA指导委员会因此启动征询程序，为制定第二阶段的工作框架广纳良言，并最终于2018年11月推出《GHSA 2024工作框架》。GHSA第二阶段，即GHSA 2024，将从2019年持续到2024年。《GHSA 2024工作框架》以较高的姿态和立场，确定了未来工作的总体目标，同时勾画了GHSA整体运作方式和目标实现途径。在未来5年中，GHSA将在国家、地区及全球层面与相关伙伴展开深入合作，从风险评估、规划及资源整合等角度为构建全球卫生安全能力做出贡献。GHSA将是美国开展和深化卫生外交战略的重要平台。

（三）全球卫生安全议程开展的重要活动及取得的成果

2018年3月12日，美国白宫官网发布《全球卫生安全议程进展及影响》年度报告，重点回顾了2017年GHSA开展的各项活动及取得成果和带来的影响。

1. 开展能力及业务培训

依照传染病预防和控制（IPC）操作标准及规范要求，GHSA对几内亚、利比亚和塞拉利昂的38 000名医务人员进行了业务培训；在布基纳法索，GHSA对该国从事危险性病原体研究且排名前十的实验室工作人员进行了生物安全和生物安保方面的业务培训；在利比里亚，GHSA对该国高级实验师就生物安全和生物安保、标准操作程序及生物安全和生物安保内部审计工具的应用进行了针对性培训；在印度，1027名实验师（主要来自古吉拉特邦、泰米尔纳德邦、贾坎德邦和中央邦）接受了有关生物风险管理、生物安全和生物安保原则方面的业务培训[2]；在乌干达，6家哨点医院实现网络连接，对2万多名儿科医生进行了培训，以提高其在血液培养、药敏试验等方面的实验室操控能力[4]。2017年1～9月，GHSA成员国640多名学员参加现场流行病学培训项目（FETP）并顺利结业，80名学员参加FETP前期培训项目。其间，FETP前期培训学员对290例疫情进行了详细调查。

3　Govindakarnavar A, Shah H S, Santhosh D, et al. Redrawing the Boudaries of Kyasanur Forest Disease (KFD) in India-early Results of GHSA-supported Acute Febrile Illness Surveillance[J]. American Journal of Tropical Medicine and Hygiene, 2017, 95(5):200-201

4　Forzley M. Global Health Security Agenda: Joint External Evaluation and Legislation-A 1-Year Review[J]. Health Security, 2017,15(3):312-319

2.设施及系统援建

肯尼亚多部门联合构建了狂犬病、裂谷热和炭疽等人兽共患病监测体系；在塞内加尔，二代地区卫生信息系统（DHIS）已覆盖76个保健区，能定时将疾病和健康信息上报至国家层面；在越南，针对44种传染病和综合征的电子监测平台正式投入运行，监测范围覆盖全国63省共711个保健区，可实现实时报告和信息共享。以事件为基础的监测系统（EBS）也在部分地区铺开，相关方面鼓励社区民众积极参与非正常卫生事件的监测和报告。依托该系统，该国已实现疫情预警100多次。2017年塞拉利昂监测系统对各卫生机构的实时监测覆盖率几近100%，评估显示，各区域提供的数据质量较前期上升了14个百分点；几内亚建立了一个名为Épi-Détecte的新电子信息系统，用于监测和确定新发疾病威胁[5]。

3.疫情准备及应对

索马里麻疹疫情暴发时，为防止疫情蔓延，2017年6~8月GHSA协助埃塞俄比亚实施疫苗接种行动；喀麦隆在脑膜炎疫情暴发后24小时内全面启动应急措施，展示了该国强大的应急管理能力。2017年夏季，孟加拉国达卡发生大规模基孔肯亚疫情，该国快速启动应急指挥中心（EOC），应急管理水平大幅度提升。在利比里亚，公共卫生和安全管理部门联合行动，共同处理脑膜炎疫情和饮用水水质检查等公共卫生紧急事务。在坦桑尼亚，交通部门和卫生部门的政府官员根据《国际卫生条例》（2005）的要求，联合拟制公共卫生响应计划，作为全国入境点的紧急情况处理指导。为应对埃博拉疫情，美国向刚果民主共和国提供了2000套个人防护装备（PPE），为乌干达提供了300套PPE以应对禽流感疫情，向几内亚提供了100套PPE以应对炭疽疫情。

美国国家评估小组数据显示，目前已有16个国家实现了危险性病原体的自主检测，17个国家加强了对现场流行病学专家和监测人员的培训，11个国家提升了实时报告水平和监测覆盖率，为成功定位公共卫生威胁提供支撑；13个国家建立并完善了人兽共患病监测系统；15个国家的医务人员接受了生物安全和生物安保方面的针对性培训，16个国家建立了EOC或强化了EOC的各项职能，可实现对本国卫生事件的实时监测；13个国家加强了各方应急协调能力，实现了公共卫生、动物健康、执法等信息的多方共享；10个国家提高了公共卫生紧急状态下人员部署、药品及补给分发等后勤运筹策划能力[6]。

三、美国卫生外交的特点

（一）重视传染病预警和危机管理能力建设

相较于疫情应急援助，GHSA在疾病预警和危机管理能力建设方面的投资比例更大，其中人员培训和预警及监测和检测设施的投入为重中之重。CDC联合HHS及全球其他合作伙伴开展FETP等，对世界多个国家的相关工作人员进行了业务培训。截至2017年

5　Fitzmaurice, AG, Mahar M, Moriaty LF, et al. Contributions of the US Centers for Disease Control and Prevention in Implementing the Global Health Security Agenda in 17 Partner Countries[J]. Emerging Infectious Diseases, 2017, 23(13):S15-S24

6　ErrecabordeKM, Pelican KM, Kassenborg H, et al.Piloting the One Health Systems Mapping and Analysis Resource Toolkit in Indonesia[J]. Ecohealth, 2017,14(1):178-181

12月，原发地FETP已相继在30个国家展开，培训学员超过3500名；美国农业部联合爱荷华州立大学和密歇根州立大学，对16名来自非洲的教育工作者进行培训；2017年3月，美国国务院生物安全参与项目就几内亚对生物安全和公共卫生突发事件的执法响应问题开展了多部门联合人员培训活动，受训学员在国家公共卫生事件的响应事务中发挥了重要作用。在美国协助的GHSA成员国内，CDC倾力于该国基于事件的异常情况监测系统。越南EBS平台培训学员近9000名，报告可疑事件4323起，其中317起需要启动公共卫生响应措施[2]。2018年，越南卫生部计划将EBS系统进一步融入国家疾病监测体系，EBS将覆盖全国。在布基纳法索，三个社区实施了基于社区的EBS。2017年8月，该系统平台共培训社区保健人员1200名、护士和卫生站工作人员近200名。自2017年8月，工作人员已成功识别、调查和控制公共卫生威胁事件8起；USAID通过威胁预警项目（PREDICT）协助全球热点地区强化对人畜共患病与潜在风险的监测和识别能力。

（二）生物安保是未来关注的重点

随着技术的进步，各国对传染病的防控和治疗及管理能力大幅度提升，而信息技术对现代生物医学研究成果的普及却使得生物武器化的可能性攀升，生物安保逐渐成为美国卫生外交的关注重点。2017年，GHSA在多个国家部署先进分子快速检测项目，旨在对各类病毒进行快速识别。同时，GHSA加大了对生物防御和生物安保相关知识的普及，加强了对不稳定行为体的监测。目前，美国国务院国际安全与防扩散局负责领导生物安全和生物安保一揽子行动工作组秘书处的各项工作，负责推进与生物安全和生物安保相关的各类事务，促进既定目标的实现，同时竭力减少各方对危险性病原体的收集和保有。该工作组认为，生物安全和生物安保问题将是GHSA未来5年的关注焦点和工作重点。

（三）东南亚及非洲为重点区域

卫生安全作为非传统安全领域的突出问题，已经成为美国外交的重要手段，亦是其建构"软实力"的工具之一。东南亚及非洲部分欠发达国家对传染病的预警和防控能力较弱，实时监测系统缺位、实验室安全等级不足、传染病专家等人力资源匮乏、信息传递缓慢、指挥系统混乱、协作渠道不畅等因素致使相关国家无法对疫情做出及时有效应答，应对略显滞后和无序，是全球传染病防控和生物安全防御链条中最脆弱的部分，也是GHSA关注的重点区域。2017年GHSA各方案的牵头国家联合协作伙伴建立和强化了喀麦隆、利比里亚、坦桑尼亚、刚果（金）等国家对卫生突发事件和流行病的监测及响应能力。在USAID的资助下，亚非地区79所大学组建的"寰宇健康大学网络"开发了20多个培训模型，培训项目涉及人兽共患病、传染病管理、生物风险和生物安全等。在PREDICT项目覆盖的12个非洲国家中，本地实验室从4623份动物样本、451份人类样本中成功检测出流感病毒、副黏病毒及埃博拉病毒、马尔堡病毒、中东呼吸综合征冠状病毒等高致病性病毒[2]。

（四）机制一体化趋势愈发明显

随着全球卫生安全上升至国家战略范畴，美国国会及政府机构出台了一系列计划和政策，以对卫生安全相关事务进行引导和框制。此外，联邦政府涉及卫生政策和监管的机构众多，HHS及其所属的CDC、USAID、农业部、国务院、国防部等在全球卫生安全政策的制定和实施方面存在一定的职权交叠，容易引起内部争议，影响政策的推行和具体措施的实施效果。美国政府适时提出GHSA，将分散在各部门的相关事务整合起来，统筹规划各部门零散、交叉的项目，加强相互协作。建构一体化的全球卫生安全机制，是美国卫生外交未来发展的必然趋势。

四、启示和建议

（一）重视卫生外交的战略意义

全球化时代已然将卫生问题由"低级政治"拉升至"高级政治"范畴。卫生问题关乎国家安全和社会发展，亦成为新时期国家外交的重要手段和桥梁。早在1961年，美国国会通过《对外援助法案》及其修正案，从法律上确立了卫生援助在美国外交中的重要地位。之后美国政府将全球卫生议题视为开展国家安全和外交工作的核心组成部分，并在多份国家安全战略中阐述卫生安全问题的重要性。在全球卫生安全领域的积极参与，是全球化时代确保国家安全的必然要求，也是构建人类卫生健康共同体的重要渠道。

（二）统筹卫生外交各项事务

美国对卫生外交意义的认识逐渐深化，各级政府对职责的分配及事务的管理亦经历了由分散至统筹规划的过程。我国目前尚未成立专司卫生外交的机构，也没有以卫生安全为主题的详细规划。外交部、国家卫生健康委员会分别负责我国卫生外交政策的不同方面或政策实施的不同阶段，规范的协调机制尚未形成，有待进一步统筹规划。

（三）打破传统应急援助模式

美国以GHSA为框架，确立了其在全球卫生安全领域的领导地位。我国在卫生外交领域表现出的主动性和积极性不足。在全球化时代，传染病没有国界，卫生问题将成为各国共同的关切所在，多边主义是未来卫生外交发展的必然趋势。我国作为世界第二大经济体，如何改变传统方式，充分利用全球化时代这一机遇和平台，通过卫生外交这一窗口展示我国的力量和形象，同时以此为手段保障国家安全，是我们要深入思考和亟待解决的问题。

（军事科学院军事医学研究院　蒋丽勇）

第十五章

美国发布《中国生物技术发展：美国和其他国家的参与及作用》报告

随着生物技术推动世界新一轮科技革命和产业变革的孕育兴起，抢占生物技术这一战略制高点的国际竞争日趋激烈。美国高度重视中国生物技术的快速发展和迅速提高的国际影响力，委托第三方专业公司撰写了报告《中国生物技术发展：美国和其他国家的参与及作用》（China's Biotechnology Development: The Role of US and Other Foreign Engagement）（以下简称"报告"）[1]。

一、基本情况

"报告"由美中经济与安全审查委员会委托第三方专业咨询机构鹰头狮科技有限公司（Gryphon Scientific）进行编写，旨在分析中国生物技术发展现状及美国在其中发挥的作用。

（一）编写背景

生物技术已成为国际竞争的战略制高点，美国政府高度重视生物技术发展，认为该技术是未来经济竞争力和国家安全的关键。在此背景下，美国对中国生物技术的快速崛起和日益增强的国际影响力极为关注。为了解中国生物技术发展现状，评估中国发展潜力，制订相应的应对方案，保持美国在生物科技和产业方面的优势，美中经济与安全审查委员会委托鹰头狮科技有限公司对中国生物技术发展现状进行了调研和分析，于2019年2月发布了《中国生物技术发展：美国和其他国家的参与及作用》的报告。

（二）机构介绍

美中经济与安全审查委员会全称为"美国国会中国经济与安全审查委员会"（US China Economic and Security Review Commission），于2001年成立，旨在对中国经济发展及过程中与美国之间的关系做出评估，并为美国采取应对措施以保障国家安全及其国

1　China's Biotechnology Development: The Role of US and Other Foreign Engagement [EB/OL]. [2019-02-14]. https://www.uscc.gov/research/chinas-biotechnology-development-role-us-and-other-foreign-engagement

际主导地位提供建议。该委员会12名成员由美国国会领导层进行任命，但成员自身均来自私有部门而非国会议员。

鹰头狮科技有限公司是一家专业的小型企业咨询公司，由生命科学领域的科学家和健康研究人员组成。对内，该公司主要对全球健康和国土安全相关问题进行科学分析，为美国政府最高层的决策提供智力支持；对外，该公司通过战略调研和分析对发展中国家如何应对公共卫生挑战提供建议。

二、主要内容

"报告"采用了最广泛的生物技术定义，即生物技术是现代生命科学中科学发现和技术进步的总称，主要包括医药生物技术、农业生物技术和工业生物技术。在此基础上，"报告"主要分析了中国生物技术发展现状及美国在其中发挥的作用。"报告"认为，中国正努力缩小两国生物技术差距，但美国对其生物技术产业持续投资，将在一定程度消解其努力成效。"报告"指出美国需要针对中国当前政策方向做出应对，从而更好地筛选投资，保护敏感数据，以及解决其他潜在的国家安全风险。"报告"共分为以下几部分，并在最后针对美国的应对提出了建议。

（一）中国生物技术产业发展概况

本部分从产业规模、产品特点、支持政策等角度介绍了中国生物技术产业发展概况。

1. 生物技术产业市场规模小，企业和人才较为分散

中国生物制剂市场估值在47亿～62亿美元，农业生物技术市场约为81亿美元，而美国市场分别为1180亿美元和1100亿美元，中国生物技术产业总体规模不到美国的1/10，双方差距较大。中国生物技术园区数量庞大，但位置分散，并且企业和人才不够聚集，无法实现打造创新中心的目标。

2. 生物制品以仿制药为主，药物审批政策不断优化

由于患者需求的增加及生物制剂相对于传统药品的高价值，中国生物制剂市场快速增长。中国的产品虽然主要是生物仿制药而非创新型生物制品，处于生物技术价值链的底端，但仍为未来的创新奠定了坚实的技术基础。同时，中国的药品审批政策为中国的生物制药和其他药物研发创造了优势，有利于CAR-T疗法和CRISPR等新技术的迅速发展。

3. 农业生物技术产值低，转基因产业缺乏民众支持

中国生物技术作物种植面积排名世界第八，总体产值较低，转基因作物产值仅为美国的6.3%。中国正积极投资转基因研究，通过重大科技计划和中长期国家科技发展计划提供了约37亿美元用于该领域，但监管负担和民众接受度低很大程度上阻碍了转基因技术的商业化发展。

4. 积极出台相关政策支持生物技术产业发展，包括科技计划、人才计划等

中国政府通过"十二五"、"十三五"及"中国制造2025"等计划明确了生物技术产业发展目标，并不断增加对生物技术研发领域的投入，促使生物技术产业持续扩大。同时，出台各类人才计划，如"千人计划""百人计划"等，提供大量经济激励措施，吸引在国外工作的中国研究人员回国，并且招募来自美国和其他研究型国家的人才。

（二）外资企业和技术在中国生物技术产业发展中的作用

本部分对外国企业投资、技术和专业知识交流等对中国生物技术产业发展的影响进行了介绍。

1. 外国直接投资对中国生物技术产业发展贡献最大

中国最常见的外国直接投资类型为收购和绿地投资，2000年后增长较为迅速。中国生物技术行业84%的并购投资（236项）发生在2003年至2011年之间，78%绿地投资发生在2008年后。而入境风险投资自2007年开始缓慢增长，平均每年有5.6轮融资，每年1.4亿美元，2015年开始快速增长，2015～2017年超过15轮，每年5.9亿美元。

2. 中国在生物技术领域的对外投资近年来持续活跃

自2014年，中国制药和生物技术领域的海外并购开始迅速增长，仅2015年就超过15亿美元，并于2017年增加至超过35亿美元。中国在全球生物技术行业的风险投资自2013年一直稳步增长，在2017年达到创纪录的53轮融资，总价值达到38亿美元。

3. 美国已开始警觉中国通过非投资渠道获取美国先进生物技术

在美国接受培训的中国学生和研究人员及中国政府引进的人才（如"千人计划"）能够将先进的生物技术带到中国，此类现象在过去十年中变得越来越频繁。美国意识到上述情况对中国生物技术发展具有重要作用，并开始付诸行动，包括遣返研究人员、指控"间谍活动"等。

（三）中国对美国生物技术产业的投资

本部分介绍了中国对美国生物技术产业的投资情况及其对中国生物技术发展的影响。

1. 累计投资占比较少，但近年增长迅速

中国对美国生物技术领域的投资仅占中国2000～2017年在美投资总额的2%（38亿美元），但近五年增长迅速，自2014年以来每年超过5亿美元，2017年度超过15亿美元。2018年，健康和生物技术产业成为中国资本在美国的最大投资领域，超过了房地产和娱乐业。

2. 投资模式以并购为主，风险投资为辅

中国在2000～2017年对美国生物技术的投资以收购和创业融资为主，占比96%。67%的中国资本用于收购美国公司，而风险投资和其他证券投资占比29%，研发中心和制造业投资占比4%。

3. 投资主体以私营为主，国有为辅

自2000年以来，中国对美国生物技术投资总额的3%来自国有企业，小于中国在美国生物技术投资总额（24%）。但该报告认为中国政府可以通过各种渠道影响中国企业的投资决策，包括投资审批、产业政策等。

4. 投资领域高度聚集，生物制剂产业居首

中国对美国生物技术投资总额的70%用于生物制剂领域，22%用于基因组学、分子诊断和精准医学。投资领域分布反映了中国对生物制药的兴趣和对医疗健康市场的需求，也说明了中国投资的重点是加强国内现有产能，而非开拓新领域。

5. 美国对外来投资的风险意识加强，监管体系逐步完善

美国监管改革增强了解决生物技术投资安全问题的能力，美国外国投资委员会（CFIUS）以前仅审查来自中国和其他国家的境内并购，但2018年8月《外国投资风险评估现代化法案》（FIRRMA）正式签署，将审查范围扩大到风险投资交易，并对关键新兴技术的许可和转让施加限制。

（四）中国参与美国生物技术创新的基本情况

本部分介绍了中国参与美国生物技术创新的基本情况。

1. 中国企业和研究人员在美国生物技术发展中起重要作用

美国学术机构和公司中大量中国研究人员长期以来一直是美国创新生态系统中的重要力量。根据美国国家科学基金会《2018年科学与工程指标》报告，美国22%的科学和工程博士学位获得者来自中国。美国排名前10位的研究型大学中有20%的专利来自中国科研人员。

2. 中国生物技术企业通过在美国建立研发中心和孵化器获得新技术

中国生物技术企业设立的研发中心和孵化器通常集中在波士顿和旧金山湾区等美国主要生物技术产业聚集区。中国生物技术企业通过研发中心和孵化器获得大量先进技术及受过良好教育的劳动力，并享受当地政府提供的财政激励。

3. 中国政府积极招募在美国受过培训的学生和研究人员

"报告"指出，中国政府通过各类人才计划引进海外高层次人才。据估计，1994年至今已引进海外人才58 000名，包括7000名高层次人才，引进人才多集中于科学和工程领域。截至2018年6月，"千人计划"招募的2629名人才中，44%为生命科学或医学领域。

4. 美国应防范中方通过研究伙伴关系窃取机密

"报告"认为，中美密切的研究合作伙伴关系在促进科学进步、有益于美国经济的同时，也增加了中方窃取知识产权（IP）和商业机密的可能性。这种密切的伙伴关系可以为个人和公司提供非法获取美国知识产权并将其转移到中国的机会。

5. 美国需平衡开放式合作和知识产权保护

开放式合作是科学研究和创新的基石，其他国家研究人员是美国生物技术发展不可分割的一部分。美国必须在开放式合作和知识产权保护之间寻求平衡，防止由知识产权和技术泄露或被盗而造成的潜在损失。

针对上述情况，"报告"提出了以下建议：①平衡开放式合作与知识产权保护二者之间的关系，防止由知识产权和技术泄露或被盗造成潜在损失；②加强对生物样本和遗传数据的管理。

（五）中国获取美国医疗健康相关数据

本部分详述了中国获取美国医疗健康数据的相关情况。

1. 大数据推动医疗健康领域发展

大型医疗数据集的收集、管理和分析能够推动医疗健康领域的发展，提高诊断能力，提供更为有效的治疗方法，发现新的致病因素，也可使新药研发和临床试验更为可靠和经济。同时，基于患者情况的预测模型可以制订诊断和治疗策略。

2. 中国重视医疗健康数据收集、使用和分析

"报告"指出，中国政府意识到医疗健康相关数据在尖端生物技术产业中的重要性，并将医学数据的使用作为国家优先事项，同时投资建设在该领域发挥重要作用所必需的能力。中国正在福州、厦门、南京和常州建立国家和地区医疗健康大数据中心。此外，还启动了一项约93亿美元的精准医疗计划。

3. 中国企业通过投资和合作等渠道获取美国医疗健康数据

超过23家与中国有关的公司通过了临床实验室改进修正案（CLIA）和美国病理学家学会（CAP）认证，可通过美国的医疗健康系统直接获取美国医疗和健康数据。"报告"认为，虽然投资或合作的中方企业没有涉及国有企业，但中国政府仍有可能迫使中国私营公司披露他们收集的数据（或暗中收集数据），从而获取美国医疗健康数据。

4. 美国数据保护力度不够

"报告"认为，与其他国家相比，美国对医疗健康数据的保护力度较低，使他国获取美国公民的数据较为容易。此外，美国并没有如中国一样积极推动医疗健康领域大数据的使用，这可能将会造成中美在创新领域的差距。不过，美国可以通过投资自己的基础设施、知识库和科研型企业来阻止这种情况的发生。

（六）对美国提出的应对建议

针对上述情况，"报告"提出了以下8项建议：

（1）积极应对中国的国家主义创新所带来的影响。分析中国非市场干预措施的潜在风险，制定有关政策缓解中国的国家主义创新所带来的经济和安全风险。

（2）促使中国创新政策和市场准入机制符合其他主要生物技术市场标准。通过签订自由贸易协定或制定行业标准，以及采取增加生物技术相关产品关税等威慑性措施促使中国接受国际标准。

（3）理性对待对华投资及出口管制。提高CFIUS的国家安全标准，加大审查力度。同时，限制对中国关键生物技术的投资。

（4）加强美国知识产权保护。美国学术界和私营机构可以通过加强对知识产权管理和知识产权盗窃风险预测的方式更好地保护自己免受经济威胁。

（5）提供激励措施，留住在美留学生。在基础和应用生物技术研究领域扩大投资，确保美国在专业发展机会方面的优势；修改移民政策，放宽在美顶尖机构接受培训的外国人获得永久居留权的途径。

（6）针对国际数据协议制定联邦准则。制定有关医疗与遗传数据访问权限的国际规则，倒逼中国放松现行的监管保护政策。同时，加强对美国个人健康与遗传数据的隐私保护力度。

（7）加强网络安全，保护美国公民隐私数据。采取强化措施保护公民个人隐私数据免受黑客攻击，但目前不应阻止中国或其他国家对美国数据的访问。

（8）更新和扩展《国家生物经济蓝图》。从国家层面出台新的国家生物经济蓝图，强调生物技术产业对美国经济的重要性，强化美国生物技术的领先地位。

（军事科学院军事医学研究院　刘　伟　周　巍）

第十六章

美国卫生与公共服务部应急准备与反应助理部长办公室职能特点及启示

应急准备与反应助理部长办公室（Office of the Assistant Secretary for Preparedness and Response, ASPR）成立于2002年6月，是美国卫生系统应对公共卫生突发事件的主要职责部门，发挥组织领导的重要作用。本章对其成立背景、组织关系、主要职能等方面进行分析,以期对我国的突发公共卫生事件应急管理工作有所启示。

一、应急准备与反应助理部长办公室基本情况

ASPR是美国卫生与公共服务部部长办公室下14个助理办公室之一，直接受卫生与公共服务部部长亚历克斯·阿扎领导，负责领导全国预防和应对自然灾害及突发公共卫生事件。ASPR侧重于准备计划和响应两个方面，一方面负责制定国家应急响应计划，研究紧急情况应对手段；另一方面通过采购管理增强国家战略储备，协调各类卫生机构快速应对灾害和紧急事件，旨在提升全国公共卫生实力和灾害救援行动能力，维护国家生命健康安全，保护美国免受21世纪健康威胁。

（一）成立背景

ASPR的前身是公共卫生应急准备办公室（Office of Public Health Emergency Preparedness, OPHEP），2002年7月根据修订的公共卫生服务法成立，以应对生物恐怖和其他公共卫生事件[1]。2005年美国暴发"卡特里娜"飓风，导致数千人死亡，时任美国总统布什和国土安全部紧急事务管理署被批评没有及时组织应急救援工作，因此自然灾害和突发公共卫生事件应急响应工作的重要性被逐渐提高。2006年12月根据新修订的流行病和全面灾害防范法案（Pandemic and All Hazards Preparedness Act of 2006），将办公室更名为应急准备与响应助理部长办公室[215]，并明确了其在国家灾害医疗救援上的领导地位，法案规定由ASPR下属应急管理办公室（Office of Emergency Management, OEM）负责灾害和紧急事件的综合管理[2]。2008年《国家应急反应框架》（National

---

1　HHS Historical Highlights[DB/OL]. [2019-10-10].https://www.hhs.gov/about/historical-highlights/index.html

2　Office of the Assistant Secretary for Preparedness and Response[DB/OL].[2019-10-30].https://en.wikipedia.org/wiki/Office_of_the_Assistant_Secretary_for_Preparedness_and_Response

Response Framework）及2013年发布的流行病和全面灾害防范再授权法案（Pandemic and All Hazards Preparedness Reauthorization Act of 2013）中进一步明确了卫生与公众服务部在国家灾害医疗救援上的领导地位，指定ASPR为联邦公共卫生和医疗预防、应急反应等一切事务的最高领导机关[3]，负责制定医疗预防和应急反应政策，促进和指挥国家灾害医学系统（National Disaster Medical System，NDMS）的改善和运行，掌管灾害相关经费预算和投入[3]。

美国逐渐形成了以卫生与公共服务部ASPR为领导，联邦紧急事务管理署、国防部和退伍军人事务部为协作机构的多部门高度协作的国家灾害应急医学救援体系。

（二）人员组成

ASPR的人员组成包括文职工作人员和美国公共卫生服务医官团（U.S. Public Health Service Commissioned Corps，PHSCC）成员。医官团由海军医院系统演变而来，是一支具备医生、护士、药剂师、治疗师、环境健康专家、兽医等11种专业医疗卫生人员的队伍，在美国的公共卫生事业中发挥领导和服务作用。医官团成员是非战斗人员，不属于现役军官，但成员有与美国军队同等的衔级体系，着海军或海岸警卫队制服，佩戴公共卫生服务徽章[4]。医官团隶属于卫生与公共服务部，由其下属的卫生助理部长管理，现已超过6500人。

医官团成员可在ASPR内发挥领导职能，ASPR曾有两任领导为医官团少将；同时发挥服务作用，医官团下属的三支队伍为ASPR的救援任务服务，包括快速部署部队、应用公共卫生小组和心理健康小组[5]。快速部署部队可以快速提供大规模救治行动，其中应急队在接到通知后12小时内部署完毕。应用公共卫生小组36小时内可完成部署，并帮助完成环境卫生、基础设施、食品安全、传染病媒介等其他领域的公共卫生评估工作。心理健康小组将评估受影响人群的自杀风险和应急障碍风险，并提供心理咨询、治疗和危机干预，同样在36小时内实现快速部署。

（三）地位作用

ASPR的建立是为了统一指挥机构，灾害应急准备与反应需要多个部门协同合作，因此美国经数次体制调整确定了ASPR处理灾害和公共卫生事件的领导地位，便于国家整合多种力量以发挥最大救援作用。

ASPR有广泛的合作单位，核心项目涉及政府部门、非政府组织、私营公司、地方医疗机构等，需要ASPR领导统筹、多部门协作完成。例如，公共卫生应急医学应对措施事业系统（Public Health Emergency Medical Countermeasures Enterprise，PHEMCE）由美国疾病控制与预防中心（简称疾控中心）、美国食品药品监督管理局、美国国立卫

3　郑静晨.美国国家应急医疗救援体系的建设与启示[J].中国行政管理，2014(1): 119-123

4　About USPHS[DB/OL]. [2020-03-15].https://www.usphs.gov/aboutus

5　Medical Assistance[DB/OL]. [2019-12-24.].https://www.phe.gov/Preparedness/support/Medicalassistance/Pages/default.aspx

生研究院等多个部门人员组成[6]，由ASPR统一领导，为地方医疗保健机构提供资金以提升医疗救治水平；负责领导国家灾害医学系统，提供专业医疗救助；除此之外还需与国家其他部门配合完成相关工作，包括与国土安全部制定国家或社区面对灾害的响应方案；与国土安全部、国防部、退伍军人事务部等机构进行救援行动演习；与疾控中心合作，利用获取的生物恐怖事件信息、大规模伤亡信息提供紧急医疗服务。

二、应急准备与反应助理部长办公室组织关系

ASPR由应急准备与反应助理部长领导，下辖三个直属机构，分别是助理部长帮办、事故指挥与控制办公室和生物医学高级研究与发展管理局（Biomedical Advanced Research and Development Authority, BARDA）[7]（图16-1）。

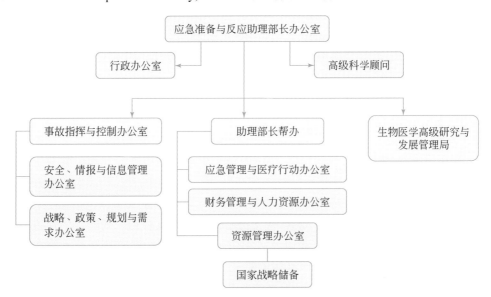

图16-1　应急准备与反应助理部长办公室组织结构图

（一）助理部长帮办

助理部长帮办负责统筹管理公共卫生应急响应的各类行动，含三个下属办公室，其中应急管理与医疗行动办公室（Office of Emergency Management and Medical Operations，EMMO）（原应急管理办公室）是ASPR的核心部门[8]，在突发卫生事件发生后为州和地方政府提供支持，负责领导整个应急救援活动，联合政府和非政府组织提供技术和医疗方面的支持。财务管理与人力资源办公室（Office of Management Finance and Human

---

6　Public Health Emergency Medical Countermeasures Enterprise[DB/OL]. [2020-01-30].https://www.phe.gov/ Preparedness/mcm/phemce/Pages/default.aspx

7　ASPR Program Offices [DB/OL]. [2020-01-30].https://www.phe.gov/about/offices/program/Pages/default.aspx

8　Office of Emergency Management and Medical Operations [DB/OL]. [2020-01-30]. https：//www.phe.gov/about/ offices/program/Pages/emmo.aspx

Capital，MFHC）负责管理 ASPR 任务所需的经费和人才[9]，将经费与重点战略计划结合。资源管理办公室（Office of Resource Management，ORM）负责提供 ASPR 任务中的后勤支持[10]，包括管理医疗设备的供应链和物流系统，监督国家战略储备的准备情况，采购 IT 系统和其他软件产品等。

（二）事故指挥与控制办公室

事故指挥与控制办公室负责制定战略和态势感知，下属两个办公室，一个是安全、情报与信息管理办公室（Office of Security，Intelligence，and Information Management，SIIM），负责将信息收集后及时传递给领导层和救援现场团队[11]；利用地理空间信息系统（Geospatial Information System，GIS）、患者伤情可视化数据库、疾病暴发建模等工具深入研究实时数据并对发展趋势进行分析。另一个是战略、政策、规划与需求办公室（Office of Strategy，Policy，Planning，and Requirements，SPPR），负责应急准备和响应的战略规划[12]，为卫生与公共服务部和 ASPR 领导提供建议；组织立法政策改革讨论，领导实施《流行病和全面灾害防范法案》，定期修订《国家卫生安全战略》和《公共卫生应急准备和反应执行计划》；管理国家生物防御科学专家委员会。

（三）生物医学高级研究与发展管理局

生物医学高级研究与发展管理局（BARDA）管理生物盾牌计划和公共卫生应急医学应对措施事业系统，负责医疗产品的采购和制造，并向美国食品药品监督管理局申请批准将医疗产品纳入国家战略储备。主要研发针对生物恐怖主义（也包括化学、核和放射性威胁等）的医疗防护产品。BARDA 支持私营企业开发疫苗、药物、治疗方案、诊断工具和非医药产品，持续为企业研究医学防护产品提供经费支持和技术服务，帮助医学防护产品渡过基础研究到临床试验的难关[13]。目前 BARDA 已取得丰富成果，截至 2019 年 12 月，BARDA 已支持超过 200 家企业开展产品研发，资助了 27 个项目，其中 53 个医疗防护产品获得美国食品药品监督管理局批准，15 个产品实现了国家战略储备[14]。2019 年 8 月，BARDA 宣布提供 1.76 亿美元用于支持疫苗的持续研发[15]。2019 年 12 月美

9　Office of Management Finance and Human Capital [DB/OL]. [2020-01-30].https：//www.phe.gov/about/offices/program/Pages/MFHC.aspx

10　Office of Resource Management [DB/OL].[2020-01-30].https：//www.phe.gov/about/offices/program/Pages/ORM.aspx

11　Office of Security，Intelligence，and Information Management [DB/OL]. [2020-01-30].https：//www.phe.gov/about/offices/program/icc/siim/Pages/default.aspx

12　Office of Strategy，Policy，Planning，and Requirements [DB/OL].[2020-01-30].https：//www.phe.gov/about/offices/program/icc/sppr/Pages/default.aspx

13　Biomedical Advanced Research and Development Authority [DB/OL]. [2020-04-30].https：//www. phe.gov/about/BARDA/Pages/default.aspx

14　Project BioShield：Partnering to Build a Portfolio of Medical Countermeasures-Alternative Description for time-Based Media [DB/OL]. [2020-01-30].https：//www.phe.gov/newsroom/video-descriptions/Pages/Bioshield-bldg-mcm-alttxt.aspx

15　HHS Funds an Additional Year of Ebola Vaccine Manufacturing [DB/OL].[2019-10-18].https：//www.hhs.gov/about/news/2019/08/21/hhs-funds-an-additional-year-of-ebola-vaccine-manufacturing.html

国食品药品监督管理局批准了首个埃博拉疫苗，这是BARDA在疫苗研发方面取得历史性进展的重要标志[16]。

三、应急准备与反应助理部长办公室主要职能

随着美国几次改革优化应急救援体系，ASPR的任务职能逐渐变得清晰，ASPR的作用既是顾问，为领导决策提供情报分析，也是桥梁，在卫生与公共服务部和其他联邦部门之间，政府部门和地方企业、研究所之间做好协调沟通，提高国家检测和应对威胁的能力。目前，ASPR负责的11个核心项目包括国家生物防御计划、国家战略储备计划、医院准备项目、公共卫生应急医学应对措施事业系统、社区灾害卫生响应系统、国家灾害医学系统等[17]，为加强国家卫生安全防御建设起到重要支撑作用。具体职能包括以下几方面。

（一）制定国家策略

ASPR的关键职能是根据多部门意见制定政策、计划、报告和建议，以便帮助联邦政府和各级州政府采取响应行动。参与制定《国家生物防御战略》，从评估、预防、准备、响应、恢复五大环节建立分层的风险管理方法，促进形成更协调的生物安全防线；定期发布《国家卫生安全战略》，评估未来4年内全球可能存在的卫生健康威胁和美国国家卫生安全措施[18]；定期编制公共卫生应急准备和反应执行计划，指导州一级政府制定相应预案；向卫生与公共服务部部长或白宫提供策略分析报告和政策建议，形成立法、规章和行动方案。下属的国家生物防御科学专家委员会，由联邦行政人员和全国知名科学、公共卫生和医疗方面的专家，以及生物技术、制药设备产业方面的代表组成[19]，生物防御相关专家可直接向立法者、卫生与公共服务部部长或其他决策者提供建议。

（二）建设卫生安全能力

ASPR致力于提供资源支持医疗保健系统，形成系统的紧急医疗行动能力。下属的医院准备项目（Hospital Preparedness Program，HPP）持续为地方卫生保健系统提供资金，发布指导、研究和报告，以帮助医院和医疗保健机构实现防备威胁，提升医疗救治水平[20]。医院准备项目15年来取得多项成果，卫生保健联盟涵盖了众多政府与非政府卫生保健组织，目前美国85%的医院加入了卫生保健联盟，82%的地方卫生部门被纳入卫

16　HHS Secretary Azar Statement on FDA Approval of Ebola Vaccine [DB/OL]. [2019-12-23].https：//www.hhs.gov/about/news/2019/12/19/hhs-secretary-azar-statement-on-fda-approval-of-ebola-vaccine.html

17　ASPR Highlights [DB/OL]. [2019-10-18].https：//www.phe.gov/about/Pages/highlights.aspx

18　National Health Security Strategy [DB/OL]. [2019-10-18].https：//www.phe.gov/Preparedness/Planning/authority/nhss/Pages/default.aspx

19　About the National Biodefense Science Board[DB/OL]. [2019-10-8].https：//www.phe.gov/Preparedness/legal/boards/nbsb/Pages/about.aspx

20　Hospital Preparedness Program（HPP）[DB/OL]. [2019-10-18].https：//www.phe.gov/Preparedness/planning/hpp/Pages/default.aspx

生保健联盟，卫生保健联盟成员超过31 000个[21]。项目通过发展区域卫生保健联盟，已建立较为完善的区域保障网络。

在卫生保健联盟成功的基础上，ASPR建立了区域灾害卫生响应系统（Regional Disaster Health Response System，RDHRS），ASPR通过分区分级建立社区应对体系，强调区域内部地方医疗联盟、创伤中心、医疗机构之间的合作，建立一个更加连贯、全面、有力的医疗保健灾害响应系统[22]。除此之外，还强调地方医疗联盟和创伤中心与联邦医疗设施相结合，并将该系统整合到日常医护服务中。

（三）统筹国家战略储备

国家战略储备旨在弥补各州和地方应对重大突发公共卫生事件时的医疗资源不足问题，ASPR下属的公共卫生应急医学应对措施事业系统负责全面统筹相关工作，具体包括：一是提前部署库存储备，包括药品、医疗用品、设备和治疗方案等，ASPR和国土安全部评估多种因素后，制订医疗产品的生产需求[23]。二是维持库存储备，监督药品是否处于保质期内，并且根据最新科学数据和威胁等级调整国家战略储备的持有量。目前ASPR有70亿美元的医疗防护产品库存，积累了大约900种产品，包括抗生素、化学解毒剂、抗毒素、疫苗、个人防护装备、手术用品等[24]。三是组织应急人员进行物资操作培训，通过演习和培训增加对国家战略储备物资的了解，学习在紧急情况下物资申请、接收和使用的方法，确保有充足储备的同时也有专业人员应对多种大规模紧急情况[25]。

（四）管理经费开支

ASPR的资金来自公共卫生和社会服务应急基金。2020财年的预算为26亿美元，比2019财年预算高出2600万美元，可见美国对公共卫生安全的投入正逐步增加，对这一领域的任务部署非常重视。2020年ASPR为BARDA提供了16亿美元资金，其中3.22亿美元用于医学防护产品的高级研究与开发；1.8亿美元用于新型抗生素研发；7.35亿美元用于生物盾牌计划；2.56亿美元用于大流行性流感。国家战略储备的6.2亿美元用于在突发公共卫生事件发生时提供医疗设施[26]。

ASPR是州和地方政府公共卫生机构的重要经费来源。医院准备计划每年对医院及健保系统进行拨款，旨在加强对公共健康危机和灾害的应对能力，2020年医院准备计划预算为2.58亿美元。

---

21   HOSPITAL PREPAREDNESS PROGRAM[DB/OL]. [2019-10-18].https：//www.phe.gov/Preparedness/planning/hpp/Documents/hpp-intro-508.pdf

22   Regional Disaster Health Response System[DB/OL]. [2019-10-18].https：//www.phe.gov/Preparedness/planning/RDHRS/Pages/default.aspx

23   PHEMCE Mission Components[DB/OL]. [2019-10-18]. https：//www.phe.gov/Preparedness/mcm/phemce/Pages/mission.aspx

24   Strengthening & Streamlining Federal Response Efforts [DB/OL]. [2019-10-18].https：//www.domesticpreparedness.com/healthcare/strengthening-streamlining-federal-response-efforts

25   SNS Training and Exercises [DB/OL]. [2019-10-18].https：//www.phe.gov/about/sns/Pages/training.aspx

26   Fiscal Year 2021 Budget-In-Brief [DB/OL]. [2020-03-18].https：//www.phe.gov/about/aspr/Pages/aspr-fy2021-bib.aspx

ASPR的经费并不仅仅投入到国家机构，企业也获得了足够的研发经费。BARDA通过资金支持地方企业研发药物疫苗已取得卓越成果，可见ASPR通过投资推进和企业合作，激发了企业和地方科研机构的创新活力，大大推进了医疗防护产品的发展。

（五）部署应急响应任务

ASPR领导全国预防和应对灾害或突发公共卫生事件，负责协调卫生与公共服务部、其他联邦机构及州和地方机构间活动。

突发卫生事件发生前，ASPR定期举办人员培训，购置现代化设备，创建儿科灾害护理试点并且定期组织演习。ASPR于2018年组织的平静终点演习（Tranquil Terminus）是卫生与公共服务部历史上最大的转移患者演习，包含50个州和地方的机构[27]，来检验美国将高度传染病患者安全转移的能力。

当突发卫生事件发生时，ASPR在救灾期间向地方或州政府提供能力支援，包括通过办公室下属的国家灾害医学救治体系向地方派遣专业救治人员，可提供病患护理、病患转移、死亡管理等帮助，为国内灾害及国外战争可能产生的大规模人身伤亡提供医疗救助。组织民间志愿者医疗后备团（MRC）帮助救援，支持当地志愿者准备和应对突发公共卫生事件和灾害。迄今为止，ASPR在多次飓风灾害医疗应对中，部署了超过4800名救援人员，疏散了800多名患者，救护了超过36 000名患者，部署了大约944件医疗物资。

（六）建立信息沟通机制

ASPR与美国食品药品监督管理局、疾控中心、药物滥用和精神卫生服务管理局、各州卫生局等机构合作，通过多部门协作实现共享信息和资源，有效响应灾情，控制事件影响，高效实施恢复；汇编和分享生物威胁和生物事件信息，以便各级政府做出协调的响应行动。

除了面向政府部门，ASPR在紧急事件发生后也为市民提供多渠道信息支撑和卫生健康保障。例如，2019年8月在美国受飓风"多里安"袭击时，ASPR建立了专门的网页供市民获取信息和资源，包括突发传染病的实时新闻、应对传染病的知识、与各州和地区联系的渠道、应急人员实施救援行动的技术培训、灾后安全用药知识、食物和水的安全维护方式、心理健康援助热线服务等，减轻了受灾人员面对灾情的心理焦虑和恐慌，帮助人员掌握灾情以便预先防御风险，满足了受灾人员全方位的卫生保健需要，以降低事件对美国经济和人员造成的影响，促进了社会、经济和环境的恢复。

四、启示与借鉴

ASPR是美国联邦政府设立的公共卫生应急管理部门，平时统筹应急救援能力建设，发生灾害时统一调度救援力量，在实践中不断提升管理水平和领导协调能力，在公共卫生事件应急处理工作中有以下几个方面值得重点借鉴。

27　Tranquil Terminus：Alternative Description for Time-Based Media[DB/OL]. [2019-10-18].https：//www.phe.gov/newsroom/video-descriptions/Pages/tranquil-terminus-alttxt.aspx

（一）合理部署部门协作

灾害应急救援工作是个庞大的系统任务，需要多方共同协作应对，因此处置工作通常涉及多部门，各部门之间高效的沟通与协调是有效应对和处置的前提。ASPR通过两方面提升管理效率，一方面不断调整领导机制。生物盾牌计划过去直接由卫生与公共服务部国立卫生研究院负责，2007年转由ASPR负责，并成立BARDA负责协调生物防御相关项目的研发工作。国家战略储备过去由国土安全部和卫生与公共服务部疾控中心共同管理，2018年起由ASPR负责，成立公共卫生应急医学应对措施事业系统，负责国家战略储备协调管理工作。美国不断根据任务特点和发展态势专设协调机构，避免多维度、多领域协调联动难的问题。另一方面不断厘清任务划分。ASPR的任务涉及多方合作单位，包括政府部门、非政府组织和药品企业，因此实行以结果为导向的管理机制。例如，国家战略储备将任务分为需求评估、基础研究、分发物资等阶段，明确每个阶段的参与机构和任务分工，促进资源的合理分配与调度。美国高度重视国家层面战略布局，突发公共卫生事件的应急管理机构层级较高，可有效整合多个联邦部门间优势力量。高度重视领导协调能力，形成了任务全程化管理机制，使组织管理工作连贯高效运行。

（二）注重医疗救援准备

应急医疗救治工作是突发卫生事件救援中的重要部分，需要系统建设医院应急能力并储备专业救护人才。ASPR注重加强医疗单位的能力建设，医院准备项目作为ASPR的核心任务，致力于将医院应急能力建设纳入日常建设中，通过医疗激增测评工具，评估医院应对大规模伤亡事件的能力，帮助医院管理人员改善医疗救治预案；通过完善应急预案和演练方案，构建医院应急救援机制，提升医院应急任务的综合管理水平；通过加强区域性医疗机构间合作，提高医院体系在应急救援工作中的整体反应能力和救治效能。除医疗管理体系保障外，专业的医护人才也是重要储备力量。国家灾害医疗系统包含全国近5000名专业医护人员，医院的医生和护士经过国家灾害医学系统的定期培训，可以快速投入到救援医疗保障任务中。医院准备项目建立的医疗保健联盟在全国范围内有超过31 000名成员，是医疗激增时的重要支撑力量。美国通过项目资助支持地方卫生保健系统持续提升能力建设，逐步形成了区域性灾害医学响应系统，帮助医疗保健机构有效防备卫生威胁，大力提升紧急卫生事件的医疗响应能力。

（三）逐渐拓展国际合作

随着全球化发展，公共卫生安全逐渐演变成全球合作事务。ASPR在国际合作、倡议和政策制定方面发挥领导作用，以加强全球化公共卫生事件应急准备和响应能力。ASPR下属国际安全办公室主任组织担任全球卫生安全倡议会美国代表团的联络官，领导各国制定改善公共卫生应急准备的国际政策和程序。下设国际卫生安全办公室，领导国际多边合作，制定防御卫生安全威胁的国际计划、政策和应对战略。例如，全球卫生安全倡议会（Global Health Security Initiative，GHSI），与欧盟、加拿大、日本、墨西哥等国共同讨论卫生安全最高级事务。此外，在《国际卫生条例》（International Health

Regulations，IHR）、"全球卫生安全议程"（Global Health Security Agenda，GHSA）和《禁止生物武器公约》（BTWC）中均发挥重要作用，注重树立美国在全球合作中的领导地位。美国通过国际信息共享和技术交流合作，不断加强全球突发公共事件的监测预警和应急处置对策研究，积极参与国际规则和指导文件的编制工作，有效提升了美国在国际环境中的地位和影响力。

（军事科学院军事医学研究院　宋　蔷　王　磊　毛秀秀　辛泽西）

第十七章

美国国家生物防御分析与应对中心人员可靠性审查的做法与经验

美国国家生物防御分析与应对中心（National Biodefense Analysis and Countermeasures Center，NBACC）成立于2005年，隶属于国土安全部，主要职责是分析美国当前和未来的生物威胁，评估生物防御弱点，进行微生物法医学分析等[1]。中心内含生物安全二级、三级、四级实验室，用于开展管制生物剂和毒素（Biological Selected Agents and toxins，BSAT）的研究。2010年，NBACC制定和实施了一项支持生物安全的"人员可靠性计划"（Personal Reliability Program，PRP）[2]，以创造一个安全、可靠的BSAT操作环境。本章对PRP的基本内容和特点进行介绍和分析，并提出国内高等级实验室加强生物安全人员管理的借鉴建议。

一、PRP的背景

近年来，美国生物科技迅速发展，高等级生物安全实验室数量激增，能够接触到BSAT的人员越来越多，导致实验室生物安全风险不断加大，生物安全事件频繁发生。据美国疾控中心的报告显示，2004年美国仅发生了16起特殊病原实验室病菌丢失或泄漏事件[3]，而在2017年为246起[4]。

究其根本，这些安全事故大都是实验室内部人员因素导致的。因此，美国政府逐渐认识到将生物安全防护的重点放在各级病原微生物的同时，也应该加强对从事相关病原体研究的实验室人员的管控和培训。美国各大实验室也均开始高度关注来自内部人员的

1　夏晓东，王磊.2016年度全球生物安全发展报告[M].北京：军事医学出版社，2017：158-160

2　Higgins JJ，Weaver P，Fitch JP，et al. Implementation of a personal reliability program as a facilitator of biosafety and biosecurity culture in BSL-3 and BSL-4 laboratories[J]. Biosecurity and Bioterrorism：Biodefense Strategy，Practice，and Science，2013，11（2）：130-137

3　孙琳，杨春华.美国近年生物恐怖袭击和生物实验室事故及其政策影响[J].军事医学，2017，41（11）：923-928

4　FSAP_Annual_Report_2017.pdf [EB/OL]. [2019-12-09]. https：//www.selectagents.gov/esources/FSAP_Annual_Report_2017.pdf

风险[5]。NBACC的管理层研发并实施了一项基于人员风险的评估工具，并希望借此在实验室内部培育一种支持生物安全的"负责任的文化"，促使其工作人员积极进行生物安全文化建设，最大限度地降低生物安全事件的发生率。

二、PRP的基本内容

（一）执行人员的角色和责任

截至2013年，NBACC大约有100名员工通过了PRP认证，其管理和报告是严苛的，需要多个部门的协调和沟通。主要设有以下职位：①认证官，评估判定人员可靠性；②实验室主任，总负责PRP的实施，委任认证官和职业健康专家，如有要求，重审未通过审查的案例；③职业健康专家，审查医疗服务、医疗报告和病史，进行临床评估，向认证官报告影响可靠性的相关信息；④人力资源代表，审查人事档案中可能影响可靠性的任何相关信息，并将该信息报告给认证官；⑤安全代表，审核安全文件，确保已完成背景调查，向认证官报告可疑信息；⑥生物安全经理，负责生物安全方面的联络和支持工作，如向疾控中心或农业部动植物卫生检疫局报告；⑦过程顾问，负责项目的实施和有效性的持续监控；⑧管理系统顾问，负责协调所需的资源，并开展技术审查。

（二）具体实施的流程

PRP的认证由多个部门协调完成的。图17-1总结了认证过程。

审查范围涵盖了实验室的所有工作人员，内容主要由以下四部分组成。①认证官的面试：评估待注册者对待实验室安全的个人态度、个人责任感，以及通过PRP问卷调查其对PRP的认识。②身心及行为健康评估：由职业健康专家进行身心健康和行为健康评估，完成尿液分析，并评估任何医学相关情况，如抑郁症、药物使用或慢性疾病。职业健康专家将向认证官员报告任何需要纳入可靠性决策的情况，以及适宜采取的医疗措施。③背景调查：准确真实地审核待注册者的履历、破产记录、有无犯罪背景或性犯罪记录、学历及过往工作经历。④安全代表审核安全文件：复核安全文件，收集任何可疑安全报告，并保证安全文件真实可靠。

（三）可靠性决策的考虑因素

在PRP中，可靠性决策需要考虑的因素包括警觉性、情绪稳定性、信用情况、有无不稳定医学状态、责任感、灵活应变能力、社会适应能力、不利或紧急情况下合理判断的能力、有无药物或酒精滥用或依赖、对PRP所持态度等。如果出现以下情况，则将被认为是不合格的：①诊断药物或酒精依赖；②首次PRP认证前5年的药物滥用史；③贩卖、培植、加工、制造非法管制药品；④在PRP认证时滥用药物或毒品。值得注意的是，直接接触BSAT除了要获得PRP资格外，还有其他方面的要求，如进行医疗监视、操作技术或程序培训、导师制带教、生物安全培训、生物安保培训和质量培训。

5　Mitigating Insider Threats through Strengthening Organizations' Culture of Biosafety, Biosecurity, and Responsible Conduct[EB/OL]. [2019-12-09].https：//sites.nationalacademies.org/cs/groups/dbassesite/documents/webpage/dbasse_177312.pdf

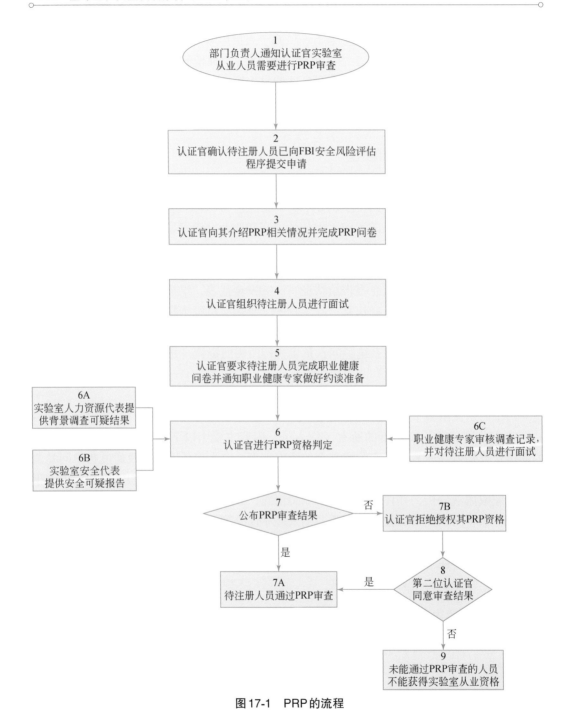

图 17-1　PRP 的流程

（四）基于可靠性决策的风险降低措施

PRP 的认证官依据具体情况对其资格按以下三种方式加以调整：一是资格限制，指暂时禁止工作人员接触 BSAT，但不影响其 PRP 状态，不会被记录在案或受到处罚，申请资格限制还会被认为是诚实可靠的表现。认证官可根据职业健康工作人员的自身请求或专家发现的医疗问题，以及同事的报告（如丧亲、宠物去世等）限制工作人员的PRP资格。二是资格暂停，指认证官停止其接触BSAT的资格。暂停及相关调查情况都将记录到其PRP文件中，如拒绝提供尿液以供毒品检测。三是资格取消。资格限制和资格暂停经认证官员审查后，仍无法确定其安全可靠性，认证官将取消相关人员的PRP资格。

三、PRP的特点

PRP的设计理念是促成负责任的安全文化、强调遵守规章制度和注重内部风险威胁的预防。PRP鼓励工作人员报告自我和同事的不利于安全的身心健康状况，倡导工作人员自我约束，这种模式有以下特点。

（一）适度前瞻性

美国联邦政府对使用或接触BSAT的机构和个人都有相关的监管措施。计划保存或使用BSAT的机构，必须向联邦管制生物剂计划登记注册[6]。此外，联邦法规要求接触BSAT的人员必须通过联邦调查局的安全风险评估，并获得疾控中心或农业部动植物卫生检疫局相关程序的批准[7]。2013年，重新修订的联邦法规要求对接触1级BSAT的工作人员进行准入前适宜性评估和持续评价。在这些要求之前，以前的规定主要侧重于进行背景调查和评估个人过去的活动。2010年就出台并执行的PRP从个人背景、身心健康、安全培训、行为健康等方面对所属人员进行准入前适宜性评估和持续评价，可以说有一定的前瞻性。

（二）高度人性化

一个规章制度要想取得成功，就必须得到员工的支持。高度人性化的特点使得工作人员自发地成为PRP的拥护者，并促进了信息自由流动，创造了互相信任的氛围，有助于培育负责任的文化。这源于NBACC的领导层在制定PRP时考虑到从事高致病性和传染性病原体研究的人员，在心理和生理上都承受巨大压力，长期在高压下工作的人们确实会犯错误。PRP的人性化主要表现在：一是惩罚适度合理。在NBACC，寻求帮助、确认同事需要干预，或者选择在一段时间内不从事实验室工作，不会对职位或工作产生重大影响。领导层希望发出一个明确的信息：我们把人和安全放在首位。如果工作人员因不可避免的个人问题生病等出现纰漏，他们仅须接受一些非惩罚性的、不记录在案的措施，暂时不能接触到病原体。这就促使工作人员认识到故意犯错和无意过失之间的区别，从而提高了制度的依从性。二是注重隐私保护。PRP对其执行官员有高度保密的要求，工作人员可以和认证官及职业健康专业人员进行自由交谈，不用担心隐私泄露。

6　Possession, Use, and Transfer of Select Agents and Toxins; Biennial Review of the List of Select Agents and Toxins and Enhanced Biosafety Requirements[EB/OL]. [2019-12-09].https：//www.federalregister.gov/documents/2017/01/19/2017-00726/possession-use-and-transfer-of-select-agents-and-toxins-biennial-review-of-the-list-of-select-agents

7　SUITABILITY ASSESSMENT PROGRAM GUIDANCE[EB/OL]. [2019-12-09].https：//www.cdc.gov/selectagent/resources/Suitability_Guidance.pdf

（三）持续动态性

为了对能接触1级BSAT的工作人员进行准入前适宜性和持续性风险评估，NBACC创建了一个持续动态的PRP，主要表现在两个方面：一是PRP资格认证是持续动态的。认证官全年通过下列活动监测认证后的工作人员：员工向认证官的自我情况报告；同事对影响可靠性的行为或事件的观察和报告；职业健康专业人员的评价和医疗措施；随机药物测试；与认证官的年度会谈。这些都能改变员工的PRP状态。二是PRP是不断完善的。在保持原则的同时，鼓励工作人员提供反馈，适度调整PRP以最大限度地提高员工的依从性。例如，按照反馈建议，PRP允许员工自行解除本人申请的资格限制，还可以选择一名认证官不参与其审查过程。

（四）拓展支持性

NBACC的领导层在制定PRP时认识到，面对高危险性的工作人群，必须提供支持机制。这种支持机制的核心是设立职业健康专家岗位，对工作人员职业健康的各个方面进行保健，包括全面身体检查、免疫接种、呼吸系统功能、听力和视力测试、健康调查问卷、动物处理程序培训等。工作人员不承担任何费用，可以积极主动地获得帮助。

但是，PRP并没有对研究人员采取侵入式的监控措施，如电视监控、二人规则、随机药物或酒精检测等，依旧保持一种不过度监管的状态，使得其对刻意隐瞒和恶意违规的情况监控效力有限。然而2001年炭疽邮件事件正是陆军传染病医学研究所文职人员布鲁斯·埃文斯恶意违规造成的。澳大利亚免疫学家伊恩·拉姆肖也曾指出"真正危险的并非生物恐怖主义，而是心理不满的研究人员"。因此，PRP并不能彻底消除安全事故。

四、启示与借鉴

近年来，国内高等级生物安全实验室也在不断增加，其中三级生物安全实验室多达80余个，能够接触到危险病原体的研究人员越来越多，PRP的做法对我国加强人员监管具有较强的借鉴意义。

（一）广泛开展人员可靠性审查

NBACC的做法并不是首例，美国各大实验室均高度关注来自内部人员的风险，如国立卫生研究院（NIH）实施的行为健康筛查方案[8]等。由于科研团体最了解本单位开展的病原微生物研究和研究人员，最适合促进和加强负责任的操作文化，因此机构自发合理的监管应是开展人员风险监管的关键组成部分。贺建奎基因编辑婴儿事件的失察失管也表明国内科研团体对内部人员威胁和风险重视不足。应根据中国国情和实际情况，结合本机构的职能特点，制定合理的准入前适宜性评价及持续性的风险评估机制。

8　Skvorc C, Wilson DE. Developing a behavioral health screening program for BSL-4 laboratory workers at the National Institutes of Health[J].Biosecurity and Bioterrorism: Biodefense Strategy，Practice，and Science, 2011, 9(1):23-29

（二）倡导负责任的文化氛围

美国多项政策和法规指南，共同强调一种负责任的文化。2011年，美国国家生物安全科学咨询委员会发布了提高人员可靠性和加强责任文化的指南[9]，提醒各利益相关者共同承担责任，预防开展烈性病原体研究带来的负面影响。虽然完善的设计方案和安全管理制度至关重要，但是实验室人员的安全责任意识和行为自律对确保实验室生物安全会起到更加重要的作用[10]。建议国内高等级生物安全实验室在管理的同时，努力倡导负责任的文化氛围，促进机构内部的信息交流，引导研究人员思考和讨论安全义务，自发遵守实验室规章制度和伦理道德的界限，从而营造一个安全可靠的团体氛围。

（三）人性化地制定规章制度

NBACC制定的高度人性化的PRP，不仅可持续动态地监测内部人员的可靠性，也为工作人员提供了身心支持机制。建议国内高等级生物安全实验室在制定本单位的生物安全规章制度时借鉴PRP，在研究人员面临巨大生理和心理压力的同时给予支持和理解，要承认犯错是正常的，且组织要在犯错或可能犯错时发挥作用。应避免刻板的要求和纯粹的惩罚，以人为本、人性化地制定规章制度，以确保高依从性，进而最大限度地减少生物安全事件的发生。

（军事科学院军事医学研究院　毛秀秀　王　磊　宋　蔷　辛泽西）

9　Guidance for Enhancing Personnel Reliability and Strengthening the Culture of Responsibility[EB/OL]. [2019-12-09]. https://osp.od.nih.gov/wp-content/uploads/2013/06/CRWG_Report_final.pdf

10　章欣，刁天喜，王敏.美国高等级生物安全实验室事故及其应对措施[J].人民军医，2016，59（06）：555-557

第十八章

DARPA 应对新型冠状病毒肺炎等传染病大流行的
项目部署

2019 年底新型冠状病毒肺炎疫情暴发，验证了应对传染病大流行技术产品研发的重要性。美国国防高级研究计划局（DARPA）是全球国防科技创新领域的领先者，被誉为"全球军事科技发展风向标"，前期对包括冠状病毒等在内病原体导致的传染病大流行应对措施研发给予了重点关注和布局。本报告基于开源情报信息分析其项目部署情况及研究成果，以期为系统性、前瞻性布局重大疫情相关科研项目提供参考借鉴。

一、DARPA 应对传染病大流行的项目总体布局

DARPA 作为美国国防部重大科技攻关项目的组织、协调、管理机构和军用高技术预研工作的技术管理机构，重点关注风险高、潜在军事价值大的科研项目，主导推进颠覆性技术，项目多具有投资大、面向中长期、具有深远战略影响的特点。

近年来，随着生命科学的飞速发展及其军事价值的日益凸显，DARPA 于 2014 年 4 月专门成立了生物技术办公室（Biological Technologies Office，BTO），将原来分散于其他部门管理的生物与医学技术进行统一。生物技术办公室的使命是通过整合生物学、计算机科学、物理学、数学和工程技术等多学科平台，面向美军战略需求提供先进的解决方案，研究项目涵盖从细胞水平到全球生态系统的不同层级，多个项目取得了丰硕成果。

自 2009 年美国暴发甲型 H1N1 流感后，如何有效应对传染病暴发成为摆在美国人面前的一个重要问题。DARPA 围绕预测、预防、诊断和治疗 4 个方面，为应对大流行性传染病暴发进行整体布局，旨在开发颠覆性技术平台，提高未来快速应对突发传染病疫情的能力，为美军培育强大的技术优势。DARPA 应对传染病大流行的项目部署，按照应对链条的不同环节，接序部署、互相衔接（图 18-1）。研究项目以系统布局生物安全技术平台、着力开发颠覆性技术为目标，研究过程中涉及的病毒种类主要包括基孔肯亚病毒、登革病毒、冠状病毒（SARS/MERS）、诺沃克病毒、流感病毒、埃博拉病毒和裂谷热病毒等。

（一）预测类（Predict）项目

传染病预测包括预测能力和预测安全性及效率两类项目。其中，"预测—战胜病原

体"（Prophecy-Pathogen Defeat）项目、"普罗米修斯"（Prometheus）项目和"预防新发致病性威胁"（PREventing EMerging Pathogenic Threats，PREEMPT）项目属于增强预测能力类项目；"威胁快速评估"（Rapid Threat Assessment，RTA）项目和"微生理系统"（Microphysiological Systems，MPS）项目属于增强预测安全性及效率能力类项目（图18-1）。

"普罗米修斯"项目于2016年发布，目标是提前预测疾病是否具有传染性，专门致力于在最近感染疾病的人身上发现一组最小的生物信号，这些信号预测暴露后24小时内的个体是否会传染。这些"生物标志物"可比使用传统医疗技术更早地预测传染性疾病的发生。该项目主要包括两个主要技术领域，一是发现宿主分子靶标，二是研究预测算法。这种预测传染性的能力可以防止疾病从个人传播至群体。

"预防新发致病性威胁"项目于2018年启动，针对的是动物宿主和昆虫媒介中的病毒病原体，试图通过建模发现物种跳跃的因素，通过增进对病毒及其与动物、昆虫和人类相互作用的了解，研究如何防止病毒的跨物种跳跃，确定传播过程中的关键瓶颈，提供新的、积极主动的干预措施，以减少新出现和重新出现的人类病原体的风险。研究不仅可以模拟流行病在人与人之间传播的轨迹，还可以在疾病传染给人类之前，在动物物种中控制和抑制疾病。项目有两个技术重点：一是开发多维模型和试验平台，以量化即将出现和重新出现的人类病原体；二是开发新的、可扩展的方法，以防止病原体从动物和病媒传播到人类。目前，一些研究已经开展。2019年2月18日，英国皮尔布赖特研究所（Pirbright Institute）获得了一笔260万美元的项目资助，用于开发能够防止蚊子传播多种病毒的概念性验证工具，研究人员将改造蚊子，降低它们传播黄病毒（如寨卡病毒、登革病毒、西尼罗病毒和黄热病毒）的能力。2019年2月19日，加州大学戴维斯分校发布新闻稿，该校研究人员与DARPA达成了一项经费为937万美元的合作协议，研究周期为3年半，研究目标是预测动物体内高致病性病毒的出现，并防止它们蔓延到人类。合作开展本项研究的还有美国俄亥俄大学、英国普利茅斯大学。其中，英国普利茅斯大学下属的公司The Vaccine Group（TVG）负责开发新的疫苗，使偏远和难以到达地区的野生动物种群能够大规模接种疫苗，防止人畜共患病毒在人际传播。

"威胁快速评估"项目于2013年开始实施，目标是在威胁物质接触人体细胞后的30天内，分析并研究出威胁物质改变人体细胞过程中的分子机制，从而为研究人员构建一个框架，使其迅速研发出相应的医疗对抗措施并降低威胁。研究内容包括：①开发质谱方法快速测定影响人体细胞的潜在毒物或药物。②用于先进威胁快速评估的亚细胞泛组学。传统上需要数十年的时间来确定药物如何影响机体，新研究的目标是加速这一过程，在数周内鉴别化合物的作用，减少有效药物开发的障碍。③开发病原体作用机制的比较系统生物学新工具。项目分4个阶段开展：①2016年5月，启动预研阶段研究，分析基因表达改变如何影响细胞功能和调控重要的蛋白质和代谢物生产；②2017年11月，启动第一阶段研究，开发新的技术系统，快速确定药物和化生战剂对人类细胞的影响；③2019年1月，启动第二阶段研究，在威胁物质接触到人体细胞后的30天内，显示出威胁物质影响细胞过程的完整分子机制的相关方法与技术；④2020年3月，启动第三阶段研究，构建能够迅速研发出相应医疗对策并降低威胁的框架。

（二）预防类（Prevent）项目

传染病预防包括疫苗研发和疾病快速发现两类项目。其中，"可用于预防和治疗的自主诊断技术"（Autonomous Diagnostics to Enable Prevention and Therapeutics，ADEPT-PROTECT）项目和"控制细胞机制"[ADEPT- Controlling Cellular Machinery（CCM）]项目属于疫苗研发类项目；"宿主恢复力技术"[Technologies for Host Resilience，THoR）项目和"时间生物学"（Biochronicity）项目属于疾病快速发现类项目（图18-1）。

"可用于预防和治疗的自主诊断技术"项目于2013年实施，项目包括4个研究重点：①为医疗决策和威胁跟踪提供操作性强的、灵活的诊断技术；②快速生产高效能的新型疫苗；③设计哺乳动物细胞靶向给药和体内诊断的新工具；④利用抗体给予个体即时免疫的新方法。

"控制细胞机制"项目于2011年开始实施，旨在研究RNA疫苗中的抗原、免疫调节因子和药代动力学编码方式，发现基因调节因子的用途，开发高效能核酸疫苗，在哺乳动物宿主体内调节疫苗活性。

近年来，ADEPT项目在核酸技术方面取得了较大进展，利用核酸指导身体产生保护性抗体，该技术具有较强的有效性和适应性，能够产生即时的功效，并且只在有限的时间内表达，不会导致基因组的永久改变，产品容易大规模生产、运输和储存，不需要冷链物流。2013 年10 月，美国 Moderna Therapeutics 公司获得ADEPT-PROTECT 项目2500 万美元资助，用于发展基于 mRNA 的治疗措施研究，其策略为使编码抗体或其他蛋白的RNA进入特定组织或器官，在核糖体表达目标抗原或抗体。2014年 11 月，美国 Ichor 公司获得了ADEPT-PROTECT 项目2020 万美元资助，针对传统的单抗体外制备成本高等问题，发展电穿孔系统作为基于 DNA 的抗体递送平台，用于被动免疫治疗。

（三）诊断类（Diagnose）项目

传染病诊断包括分布式及体内诊断和临床诊断两类项目。其中，"基于需求的诊断"[ADEPT-Diagnostics on Demand（DxOD）]项目、"控制细胞机制的诊断"（ADEPT-Controlling Cellular Machinery-Diagnostics）项目和"用于诊断的体内纳米平台"[*In vivo* Nanoplatforms（IVN）-Diagnostics（Dx）]项目属于分布式及体内诊断类项目；"击败病原体中的移动分析平台"[Pathogen Defeat-Mobile Analysis Platform（MAP）]项目属于临床诊断类项目（图18-1）。

"基于需求的诊断"项目于2011年开始实施，旨在研究快速准确的、便于自主测试的现场诊断设备，使普通美国士兵可以使用设备自己进行核酸和蛋白质的测量。该设备方便携带、保存时间长、容易操作，可为作战人员遭遇的多种创伤（包括感染性疾病、败血症、吸入有毒物质导致损伤等）提供及时干预，是一种可检测多种关键疾病的有效临床装置。项目重点需要解决的问题和达到的目标包括：①用户样本收集和准备；②分子识别和新型分子扩增，确保常温下保持高功能；③具有高敏感性和特异性；④最终可以提供一个即时结果，然后通过无线传输发送到卫生保健系统，由远程专家解释诊断结果。

在"基于需求的诊断"项目资助下，美国得克萨斯大学和美国国立过敏与传染病研究所研究人员开发了一种便携式现场检测MERS冠状病毒的方法——实时定量环介导等温扩增检测（RT-LAMP），研究成果2015年4月发表在 *PLoS One* 上。结果表明，在感染的细胞培养上清液中，30 ~ 50分钟可以检测到MERS冠状病毒，且未与常见的人类呼吸道病原体发生交叉反应。

"控制细胞机制的诊断"项目于2011年开始实施，旨在设计一种可用于哺乳动物细胞靶向给药和体内诊断的新工具。需要解决的技术挑战包括：①发现、设计遗传调控因子模块；②构建细胞内的稳定性；③在哺乳动物细胞中合成、扩增和传导新的回路。

"用于诊断的体内纳米平台"项目于2012年开始实施，主要面向战场伤病诊断需求，旨在开发可植入纳米平台，监控士兵的生理状态并检测疾病，以帮助美国士兵快速诊断和治疗多种疾病，然后利用纳米颗粒修复器官损伤。该项目将提高纳米治疗的安全性，使临床所需的剂量达到最小值，并且减少脱靶效应和免疫原性的产生；项目还将提高纳米治疗的有效性，通过靶向药运送到特定组织或特定细胞，以增加生物药效率。

"击败病原体中的移动分析平台"项目于2010年开始实施，已研发出体积小、便携的病原体移动分析平台。2018年7月，约翰斯·霍普金斯大学医学院传染病部、海军健康研究中心和约翰斯·霍普金斯大学急诊医学系的研究人员在《诊断微生物学和传染病》（ *Diagnostic Microbiology and Infectious Disease* ）上发表文章，报告了一种体积小、便携的病原体移动分析平台（MAP），研究共选取了130份样本，对A/B型流感病毒、呼吸道合胞病毒和MERS冠状病毒进行了检测评估。研究结果发现，MAP分析平台检测结果与临床结果的符合率如下：A型流感病毒为97%（73/75），B型流感病毒为100%（21/21），呼吸道合胞病毒为100%（6/6），MERS冠状病毒为80%（4/5）。

（四）治疗类（Treat）项目

传染病治疗包括医疗方案和医疗设备两类项目。其中，"流行病预防平台"（P3）项目、"干预和共同预防及治疗"（INTERCEPT）项目、"CCM治疗"（ADEPT-CCM-Therapeutics）项目、"病原体捕食者"（Pathogen Predators）项目和"活体内纳米装置"[IVN-Therapeutics（Tx）]项目属于医疗方案类项目；"透析疗法"（Dialysis Like Therapeutics）项目和"战地药物"（Battlefield Medicine）项目属于医疗设备类项目（图18-1）。

P3项目发布于2017年，旨在开发一个综合技术平台，使公共卫生官员能够在60天内阻止任何病毒性疾病暴发的蔓延，避免使其发展为大规模流行状态。目前最先进的医疗措施（如疫苗）通常需要花费数月甚至数年进行开发、生产、分发和管理，与之相比，P3平台可将响应时间缩短到几周。项目分3个阶段开展：①2017年2月，启动第一阶段研究（第1 ~ 12个月），主要进行病原体测试平台研发；②2018年2月，启动第二阶段研究（第12 ~ 40个月），进行已知病原体与平台的整合研究；③2020年6月，启动第三阶段研究（第40 ~ 48个月），针对未知病原体进行能力演示验证，完成I期临床安全试验。曾担任白宫国家安全局人员医疗处处长的美国陆军医生Hepburn说："如果

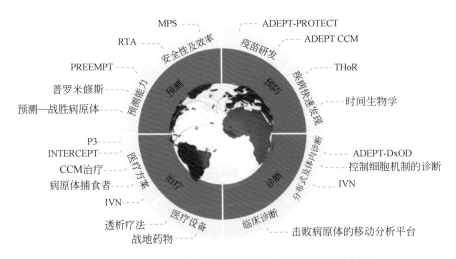

图18-1　DARPA应对大流行性传染病暴发的项目布局

该平台取得成功，传染病暴发将不再是美军的威胁，也不再是全球不稳定的驱动因素。"

INTERCEPT项目发布于2016年，目标是开发和探索治疗性干扰颗粒（TIP），解决病毒变异难题。TIP是具有缺陷病毒基因组衍生的颗粒，仅在病毒存在的情况下复制，通过竞争必需的病毒组分干扰病毒复制增殖。正如它们的亲代病毒一样，TIP易随时间突变，并且可以与突变病毒共同进化，防止病毒从治疗中逃逸。该计划将利用新型分子和遗传设计工具，通过高通量基因组技术和高级计算方法解决TIP的安全性、有效性、长期共同演化等普遍性问题。重点关注4个关键技术挑战：①安全性和有效性，即是否能够建立安全的TIP并竞争超越病原体，以短期控制感染；②协同进化，即TIP是否可以与不断变化的病原体协同进化并保持同步，以长期控制感染；③群体规模效应，即TIP是否可以与病原体共同传播，从而控制传染病在人群中的传播；④普遍性，即TIP概念是否可以扩展到多种病毒，治疗与预防多种急慢性传染病。DARPA计划为INTERCEPT项目提供4年的研发资助，项目分2个阶段开展：①采用病毒感染的体外和体内模型，以及TIP-病原体-宿主动力学的数学模型，对TIP的安全性、广谱效力、病原体协同进化进行初步的概念验证；②对TIP长期安全性和有效性进行验证，开展长期协同进化研究和TIP协同传播动力学研究，并应用于群体规模的疾病控制。

二、2019年的相关项目部署

为有效提升美国生物安全防御能力，DARPA于2019年度对"预防新发致病性威胁项目""虫媒传播疾病应对项目"等进行了重点布局。

（一）预防新发致病性威胁项目

2019年2月，DARPA宣布与Autonomous Therapeutics公司、巴斯德研究所、蒙大拿州立大学、皮尔布赖特研究所和加州大学戴维斯分校等机构签订合同，以支持"预防新发致病性威胁"（PREEMPT）项目[1]的开展。PREEMPT于2018年1月首次公布，计划为期3年。

　　PREEMPT的项目主管Brad Ringeisen指出，根据WHO的报告，全球约有60%的新发传染病是人畜共患病，如埃博拉病毒、寨卡病毒、禽流感病毒、拉沙病毒及MERS冠状病毒等，均起源于动物而最终传播至人类，并引起全球重大传染病疫情暴发。随着全球化进程的加快、人类对自然环境的破坏及畜牧业生产的密集化，人畜共患病的危害日益严峻，每年导致数百万人死亡。尽管美军在传染病防控方面具有丰富经验，但全球很多地区都缺乏新发传染病防控的卫生设施，对美军在全球的快速部署提出了挑战。PREEMPT项目通过在动物和昆虫宿主中发现可能导致人兽共患病的病原体，并采取干预措施直接阻断病原体经动物向人类跨物种传播的关键环节，从而在源头上有效遏制了感染人类的病毒性传染病的发生。

　　Brad Ringeisen表示，PREEMPT项目的研究团队由多学科研究人员组成，包括来自传染病疫情较为严重的国家，其拥有丰富的传染病防控专业知识和实践经验。研究团队将收集野外的动物宿主样本，并在高封闭生物安全实验室中进行病原体检测和分析；其他研究团队也将对现有的宿主样本和数据集进行分析。DARPA资助的PREEMPT项目团队及其研究重点如下：①Autonomous Therapeutics公司。首席科学家为Ariel Weinberger博士，研究团队由CSIRO澳大利亚动物健康实验室、DARPA直接资助的海军医学研究机构、加州大学洛杉矶分校、芝加哥大学医学院、得克萨斯大学医学部的研究人员组成。该研究团队将研究鸟类和小型哺乳动物宿主中经空气传播的高致病性禽流感病毒，以及经蜱传播的克里米亚－刚果出血热病毒。②巴斯德研究所。首席科学家为Carla Saleh博士，研究团队由巴斯德研究所国际网络合作伙伴（柬埔寨、中非共和国、法国、法属圭亚那、马达加斯加和乌拉圭）、Latham BioPharm集团、弗吉尼亚理工学院暨州立大学的研究人员组成。该研究团队将研究几种蚊媒虫媒病毒，其可以被广泛传播至动物或人类。③蒙大拿州立大学。首席科学家为Raina Plowright博士，研究团队由卡里生态系统研究所、科罗拉多州立大学、康奈尔大学、格里菲斯大学、约翰斯·霍普金斯大学、DARPA直接资助的美国国立卫生研究院落基山实验室、宾州州立大学、得州理工大学、加州大学伯克利分校、加州大学洛杉矶分校和剑桥大学的研究人员组成。该研究团队将研究来源于蝙蝠的尼帕病毒的致病性和传播途径。尼帕病毒属包含多种被美国国立卫生研究院和疾控中心列入管制剂清单的烈性病毒。④皮尔布赖特研究所。首席科学家为Luke Alphey博士，研究团队由诺丁汉大学和塔尔图大学的研究人员组成。该研究团队将研究如何干扰登革病毒、西尼罗病毒和寨卡病毒等病毒经蚊虫传播的途径。⑤加州大学戴维斯分校。首席科学家为Peter Barry博士和Brian Bird博士，研究团队由莱布尼茨实验病毒学研究所、西奈山医学院、DARPA直接资助的美国国立卫生研究院落基山实验室、普利茅斯大学下属的TVG公司、格拉斯哥大学、爱达荷大学和西澳大利亚大学的研究人员组成。该研究团队将研究来源于啮齿动物的拉沙病毒和来源于恒河猴的埃博拉病毒，以及其致病性和传播途径等。

　　1　Renee Wegrzyn. PReemptive Expression of Protective Alleles and Response Elements（PREPARE）[R/OL]. [2019-12-03]. https：//www.darpa.mil/program/preemptive-expression-of-protective-alleles-and-response-elements

DARPA和PREEMPT项目的研究团队将接受生命科学伦理、法律、社会学和管理学等领域专家的指导，包括麦克马斯特大学伦理与政策研究所的所长Claudia Emerson博士、美国海军医学和外科局的法律专员Matt Kasper博士、疾控中心实验室科学与安全部副主任Steve Monroe博士。基于之前或正在进行的研究，研究团队还将与当地大学、社区和政府建立联系，这些关系将有助于现场收集动物或昆虫样本。DARPA也计划与WHO合作，作为未来PREEMPT项目成果转化的潜在途径。

（二）虫媒传播疾病应对项目

蚊虫叮咬及虫媒传播疾病是长期以来困扰美军士兵野外作业的一个重大挑战。目前，美军已经配备了蚊帐、防护服和驱虫剂来避免蚊虫叮咬，但这些方法增加了部队后勤保障的负担，同时由于无法准确预测部署期间需要使用的频率和剂量，可行性较差。2019年5月，DARPA发布了一项新的研究计划——ReVector项目[2]。ReVector项目为期4年，DARPA希望通过该项目的实施，为美军士兵提供一种新的安全和精准的局部解决方案，即在数小时内产生效果并持续2周左右的时间，将蚊虫的叮咬率降低100倍。该项目一旦取得成果，将显著降低美军士兵野外作业发生虫媒传播疟疾、登革热和基孔肯亚出血热等疾病的概率，提高部队的军事作业效能。

ReVector的项目经理Christian Sund表示，改造皮肤微生物组并非易事，除了破译微生物与人体生理学之间固有的复杂相互作用外，研究人员还必须要考虑到各个微生物组之间的差异。ReVector项目开发的任何产品应具有足够的普适性，能够在多个不同的微生物组中发挥作用，并适应其随着时间的推移及在军人个体中的自然变化。此外，ReVector项目产品的安全性至关重要。DARPA计划与美国食品药品监督管理局和环境保护局等多个联邦监管机构合作，并邀请生物技术相关伦理、法律和社会学等领域的专家对该项目进行指导，以便为后续的临床试验进行早期部署。

ReVector项目一旦取得成果，将极大地提高美军士兵野外作业等军事作业的防护效能，并将在治疗感染和愈合伤口等战伤救治领域得到广泛应用。

（三）保护性等位基因和响应元件的预表达项目

2019年6月，DARPA宣布与DNARx LLC公司、佐治亚理工学院、马萨诸塞大学医学院、哥伦比亚大学欧文医学中心、加州大学旧金山分校等5家机构签订合同，以支持"保护性等位基因和响应元件的预表达"（PREPARE）项目[3]的开展。PREPARE项目于2018年6月首次公布，计划为期4年。

PREPARE项目的研究基础是，人体对病毒感染等来自外部的各类健康威胁具有天然的防御反应，但人体的这些防御反应并不总是能够被快速或强有力地激活，以阻止产生对人体的损伤。REPARE项目将提供可编程的工具，并根据需要来上调或下调基因表达，实现对预期威胁及时和有效的应对。PREPARE项目经理Renee Wegrzyn博士表示，

2　DARPA. ReVector Proposers Day（Archived）[R/OL]. [2019-12-03]. https：//www.darpa.mil/news-events/revector-proposers-day

3　DARPA. A New Layer of Medical Preparedness to Combat Emerging Infectious Disease [R/OL]. [2019-12-03]. https：//www.darpa.mil/news-events/2019-02-19

PREPARE项目的研究人员将寻求新的方法，提供应对各类外部威胁所致严重损伤的有效干预措施，以提高美军士兵的生存率和恢复率。例如，流感病毒感染时，由于病毒的变异速度快，目前已有的流感疫苗往往与季节性流感病毒株不匹配。因此，亟须研发可替代的新型防护手段，有效应对流感病毒感染这一长期的健康威胁，并降低流感疫苗研发、储存、运输和免疫接种的负担。

PREPARE项目的3个研究团队正在采取多管齐下的方式来开展流感病毒的预防和治疗研究，他们利用可编程基因调节剂来增强人体对流感病毒的天然防御能力，并通过直接抑制病毒基因组表达来削弱病毒造成损伤的能力。一旦取得成功，这些方法将可能对几乎所有的流感病毒株起到防护作用，无论是新出现的病毒还是已经产生耐药性的病毒。同时，与传统疫苗相比，其可以提供近乎瞬时的免疫力。此外，研究团队正在设计产品转化的策略，如做成鼻内喷雾剂等剂型，以减少大规模人群防护使用时可能对后勤造成的负担。3个项目团队及其研究重点如下：①DNARx LLC公司。首席科学家为Robert Debs博士，旨在开发一种新的DNA编码基因疗法，通过增强其鼻腔和肺部的天然免疫反应和其他保护功能，帮助患者对抗流感病毒。②佐治亚理工学院。首席科学家为Phil Santangelo博士，旨在开发新的基因疗法，通过向肺部递送mRNA编码的可编程基因调节剂及可编程的抗病毒药物，来增强机体防御反应和立即阻止病毒复制，以保护人体免受各种流感病毒的侵害。该团队也在寻求提高当前流感疫苗免疫应答效果的策略。③马萨诸塞大学医学院。首席科学家为Robert Finberg博士，旨在确定新的宿主和病毒靶向序列，包括长的非编码RNA，后者可用于增强宿主对流感的抵抗力。该项目将在培育的人类细胞上进行创新性的基于CRISPR技术的筛选，从而鉴别关键宿主和病毒因子，并构建肺气道模型。

对于人体而言，辐射效应主要损害血液和肠道中的干细胞，现有的治疗仅有助于血细胞再生，并且效果十分有限。这些药物没有预防性作用，并且大多数必须在辐射暴露后立即给药才能起效。对于肠道的辐射损伤，目前还没有医疗干预措施。PREPARE项目的其他2个研究团队正在研究治疗干预措施，以保护人体免受电离伽马辐射的影响。研究人员正致力于研究可以保护血液或肠道的可编程基因调节剂，后者可以对进入辐射暴露高危环境中的美军现役士兵和现场急救人员进行预防性干预。2个项目团队及其研究重点如下：①哥伦比亚大学欧文医学中心。首席科学家为Harris Wang博士，旨在开发一种可口服给药的可编程基因调节剂。该团队设想的多模式治疗将在肠道和肝脏中起作用，触发肠细胞的保护和再生，同时诱导肝细胞产生保护性应答，从而触发骨髓中血细胞的再生。②加州大学旧金山分校。首席科学家为Jonathan Weissman博士，旨在开发基因疗法，以增强人体对电离辐射的抵御能力。该团队将提出可以通过静脉内给药或口服治疗的干预措施，激活肠道和血液干细胞中的天然防御反应，该反应可以持续数周的时间。

所有研究团队的最终目标是，向美国食品药品监督管理局（FDA）提供至少一种新药临床试验申请的产品。DARPA要求各研究团队在为期4年的项目实施过程中，与FDA保持密切的合作，以确保产生的数据和实验方案满足FDA的监管标准。此外，所有的研究也必须符合生物伦理学的相关要求，即该项目的研究成果仅是短时间内调节基因的表达，不存在对基因组进行永久性编辑及产生潜在脱靶效应等风险。

（四）基因编辑技术检测病原体项目

2019年11月，DARPA宣布启动"基因编辑技术检测病原体"（DIGET）项目[4]，旨在用基因编辑技术发展病原体快速检测装置，在15分钟或更短的时间内完成病原体检测。这项研究旨在将基因编辑器纳入分布式健康生物检测器，以对流行病、新发和工程病原体威胁进行快速诊断。该项目可以帮助国防部通过预警快速医疗反应和提高对部队的救护标准来保持部队的战备状态，并通过防止传染病因军事冲突传播，来维护地缘政治稳定。

基因编辑技术检测研究的首要目标是在几分钟内及在全球遥远地区，为医疗决策者提供健康威胁的全面、特异和可信信息，预防疾病的传播，及时部署防范对策，提高诊断后的救护标准。该项目设想最终能够形成两种装置：一种是手持式装置，可一次性筛选10份病原体样品或检测宿主生物标志物；另一种是大规模多路检测平台，能够同时筛选检测1000份以上临床和环境样品。两个系统都可以快速重新配置以适应不断变化的需求。

该项目主管勒妮·韦格津（Renee Wegrzyn）指出，DARPA正在追求检测和鉴定任何病原体的能力，无论它何时何地出现。由于快速和准确，有3个因素使基因编辑系统可以实现其愿景。第一是可编程，这意味着按照需要可以很容易地检测到以往未知的病原体；第二是极端敏感性，这意味着病原体即使丰度很低，也可以被识别出；第三，即广泛特异性，不仅可确认流感病毒的存在，也可识别特殊毒株及其特征。DARPA研究了很多方法，发现基因编辑检测技术可以通过在生物样本中引入带有可编程导引功能的非活性基因编辑器识别靶标蛋白。一旦检测到靶标，基因编辑酶就会被激活，触发其在准确的靶标部位切割RNA或DNA。被激活的酶将保持活性，并且在接近反应时继续裂解基因分子，提供易于观察的阳性匹配指征。增强报告基因信号无须在测试前放大靶标，缩短了结果产生过程和时间。

三、DARPA应对传染病大流行的项目特点

DARPA应对传染病大流行的多个研究项目，体现了前瞻性的设计思路和创新性的技术手段，技术取得突破后可产生颠覆性的创新效益。综合分析上述研究项目，有以下几个方面的特点值得参考借鉴。

一是注重从源头防控病毒传播。随着人类社会的发展，人类越来越多地入侵动物天然栖息地，越来越多地饲养家禽家畜用于满足生活需求，那些天然寄居于动物体内的病毒就获得了越来越多跳跃物种、入侵人体的机会。因此，如何从源头上及早发现并阻止病毒的物种间跳跃及人际传播，具有重要意义。DARPA的研究项目在这方面进行了设计和布局。例如，PREEMPT项目，针对动物宿主和昆虫媒介中的病毒，试图发现病毒在物种间跳跃的规律，减少新发烈性传染病出现的风险；"普罗米修斯"项目通过检测人体内微弱的生物信号，预测暴露后24小时内的个体是否会传播，阻止疾病从个人传

---

4 DARPA. Detect It with Gene Editing Technologies (DIGET) [R/OL]. [2019-12-03]. https：//www.darpa.mil/news-events/detect-it-with-gene-editing-technologies-proposers-day

播至群体。

二是重视研发快速反应技术平台。传染病在何时何地以什么方式发生，人类无法预知，近年来发生的SARS、H1N1流感、MERS、埃博拉出血热、非洲猪瘟及新型冠状病毒肺炎，都不在预判范围之内。与传染病的传播速度相比，医学防护产品的研发制备速度相差甚远。一般来讲，利用传统的技术研发路径，从发现病原体开始，开发、大规模生产到安全有效地应用疫苗及药物需要数年时间，远不能满足快速遏制疫情传播的需要。因此，如何短时间内研制出有效的预防诊治手段，成为疫情控制的关键，也面临着一系列重大挑战。DARPA将"快速响应"理念布局到传染病应对的多个环节。例如，"威胁快速评估"项目，旨在30天内快速获悉病毒作用于人体的分子机制，利用亚细胞蛋白质组学技术对蛋白质成分和结构进行分析，缩短识别病毒所需的时间；P3项目，目标是针对所有病毒性疾病，在鉴定出病毒后60天内对人员提供保护性治疗，有效提升医学防护产品的研发生产速度。

三是创建全新的颠覆性技术手段。DARPA负有保持美军科技尖端的使命，大力从事超前的科技研发。DARPA的宗旨是"保持美国的技术领先地位，防止潜在对手意想不到的超越"。秉持这一理念，DARPA取得了许多改变世界的创新业绩：互联网、半导体、个人计算机操作系统（UNIX）、激光器、全球定位系统（GPS）等许多重大科技成果都可以追溯到DARPA资助项目。在传染病防控领域，有效应对新的传染病暴发存在一系列技术难题，DARPA的许多项目都是聚焦技术瓶颈，颠覆现有技术体系，探求有效解决方案。例如，ADEPT项目探索创新性的病毒检测方法，针对反转录PCR（RT-PCR）技术扩增时间长、实验条件要求高等问题，以及ELISA技术的研发周期长、单抗不易获得等问题，全新开发了病毒基因等温扩增技术（RT-LAMP），并在MERS冠状病毒的检测试验中表现出了良好的特性。再如，DARPA早在2013年就开始资助Moderna公司开展基于mRNA平台的药物和疫苗研究，目前该公司已发展成为全球mRNA研究的领头羊，其建立的mRNA疫苗研发技术体系因具有不需要病毒株、研发速度快、安全性高、免疫原性强等特点，成为一种有前景的病毒疫苗。

（军事科学院军事医学研究院　王　磊　张　音　宋　蔷　毛秀秀

辛泽西　崔　蓓　武士华）

第十九章

基于专利视角的全球基因编辑技术竞争态势分析

　　基因编辑技术的发展始于20世纪80年代，在CRISPR技术平台出现后，该技术受到了学术界、产业界的高度关注，进而发展迅猛[1]。"基因编辑"技术指能够让人类对目标基因进行"编辑"，实现对特定DNA片段敲除、加入等的新兴生物学技术[2]。相关研究人员在国内外顶级期刊上发表了大量研究成果，在基础研究、基因治疗和遗传改良等方面取得了多项突破性进展。2014年和2016年美国麻省理工学院科学研究评论分别将基因编辑技术和基因编辑技术在植物上的应用作为年度科技前沿十大热点之一。近年来基因编辑技术已经成为生命科学领域重要的颠覆性技术成果之一。因此，整合利用各国优势资源要素，开展国际合作，探索科技前沿已成为该领域研究的重要内容。本章主要对基因编辑领域专利进行分析，从专利的申请数量、质量、重点技术布局、创新能力和市场布局等多个维度分析基因编辑技术的国际竞争态势，为相关研究提供借鉴和参考。

一、数据来源和研究方法

　　专利作为一种特殊的信息和战略资源，在国家信息资源建设开发与利用中有着特殊的地位和作用。本研究以基因编辑领域专利为分析数据来源，对该领域专利进行国内外分析；选取了incoPat专利数据库，该数据库具有支持中英文检索、可进行同族专利合并处理、提供权利要求数与同族数等可用于评估专利质量的指标等优点。

　　基因编辑技术主要以锌指核酸酶（zinc-finger nuclease，ZFN）[3]、转录激活因子样效应物核酸酶（transcription activator-like effector nuclease，TALEN）[4]和通过sgRNA介导的基于规律成簇间隔短回文重复序列Cas蛋白（clustered regularly interspaced short

---

　　1　国际基因编辑科技发展报告－2017年度[EB /OL].[2019-02-05].http://blog.sciencenet.cn/blog-786113-1099080.html

　　2　曹学伟，高晓巍，陈锐. 基于文献计量分析的基因组编辑技术发展研究[J]. 全球科技经济瞭望，2018，33(4):60-72

　　3　Liu X, Wang M, Qin Y, et al. Targeted integration inhuman cells through single crossover mediated by ZFN or CRISPR/Cas9[J]. BMC Biotechnology, 2018,18(1): 66

　　4　Sommer D, Peters AE, Baumgart AK, et al.TALEN-mediated genome engineering to generate　targeted mice[J]. Chromosome Research, 2015, 23(1):43-55 palindromic repeats，CRISPR/Cas9）[5]的DNA核酸内切酶等为代表。CRISPR/Cas是基因编辑领域应用最广泛的一项技术。与TALEN技术和ZFN技术相比，CRISPR/Cas技术具有设计简便、高效、可实现高通量操作的特点[6]。确定的检索式为（TIABC=（"Gene Edit" OR "Genome Edit" OR ZFNs OR ZFN OR TALENs OR TALEN OR CRISPR or "clustered regularly interspaced short palindromic repeats" OR "zinc finger nuclease" OR "transcription activator like effector nuclease"））AND（AD=[20090101 to 20191231]），共检索到相关专利10 551条（2019年11月20日检索），通过数据清洗、去噪、简单合并同族后共6000个专利家族，以此作为专利分析的数据源，从专利发展趋势、重点技术布局、重点核心专利、主要申请机构、主要申请机构技术领域和优势领域及专利地图等多个方面进行国际竞争态势分析。

二、结果分析

（一）申请趋势分析

通过该分析可以了解专利技术在不同国家或地区的起源和发展情况，对比各个时期内不同国家和地区的技术活跃度，以便分析专利在全球布局情况，预测未来的发展趋势，为制定全球的市场竞争或风险防御战略提供参考。图19-1展示的是专利申请量的发展趋势，从图中可以看出基因编辑技术在2009～2011年专利申请量较少，年均申请专利量不到200项。1996年，作为第一代基因编辑技术的ZFN技术诞生，被认为是里程碑式的突破；2011～2013年该领域专利申请量处于缓慢增长期，2011年，第二代基因编辑技术——TALEN技术诞生。2013年，基因编辑技术又有新的重大进展，科研人员发明了CRISPR/Cas技术，可以精确地在基因组中定位、剪断、插入基因片段，使基因编辑技术应用得更加广泛，不断引发研究热潮。张锋等[7, 8]利用CRISPR技术在真核细胞中实现了特定基因的敲除或增强操作，开启了基因编辑技术的快速发展时期，相应的专利申请数量也从2013年后呈现出快速增加态势，2015年专利申请量突破600项；2015年以后专利申请量进入快速增长期，年均专利申请量突破1000项。

从中美基因编辑技术专利申请趋势来看，中国和美国在该领域发展趋势较为相近，每年的专利申请量也相当，在2016年之前美国专利申请量略高于中国，2016年之后中国基因编辑技术专利申请量反超美国。2017年，中国专利申请量将近为美国申请量的1.5倍，说明中国在基因编辑技术领域的研究发展较快，相应的研发投入和专利产出都在逐

5　Lau CH, Suh Y. *In vivo* epigenome editing and transcriptional modulation using CRISPR technology[J]. Transgenic Research, 2018, 27(6):489-509

6　Lu XJ, Xiang YY, Li XJ. CRISPR screen: a high-throughput approach for cancer genetic research[J]. Clinical Genetics, 2015, 88(1):32-33

7　Cong L，Ran FA，Cox D, et al. Multiplex genome engineering using CRISPR/Cas systems[J]. Science,2013, 339(6121). 819-823

8　Jiang WY, Bikard D, Cox D, et al. RNA-guided editing of bacterial genomes using CRISPR-Cas systems[J]. Nature Biotechnology,2013, 31(3): 233-239

年增加。受各国专利审查制度的影响，专利从申请到公开一般会有2～3年的延迟，因此最近2～3年的专利申请数量仅供参考⁹。该领域专利申请趋势总体呈不断增长态势，特别是在近两年该技术得到快速发展，专利申请量增长较快。

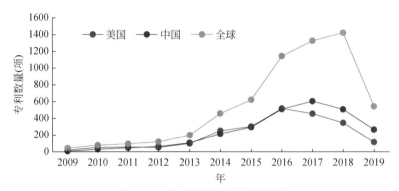

图19-1　基因编辑专利申请趋势

（二）市场布局分析

通过分析各个国家或地区的专利数量分布情况，即市场布局情况，可以了解分析对象在不同国家技术创新的活跃情况，从而发现主要的技术创新来源国和重要的目标市场。专利申请和维护需要一定的费用，特别是国际专利维护费用较高，一般认为某个国家某个市场环境或市场潜力较好时，专利申请人会在这个国家进行专利申请。

从基因编辑技术专利主要市场布局区域可以看出，专利公开国家最多的是中国，其次是世界知识产权组织，美国在该领域专利公开量居于第三位，其次为印度、韩国、欧洲专利局（EPO）、日本、加拿大、英国、俄罗斯等国家或组织（表19-1）。可见，全球基因编辑技术在中国、美国市场布局较多，竞争也最为激烈。

表19-1　基因组编辑技术专利主要市场布局区域

序号	布局区域	专利数量（项）
1	中国	2291
2	世界知识产权组织	2154
3	美国	1687
4	印度	109
5	韩国	93
6	欧洲专利局（EPO）	74
7	日本	48
8	加拿大	32
9	英国	19
10	俄罗斯	19

9　雷鸣,郑彦宁,段黎萍.中国化学药品制剂制造企业海外专利布局研究 [J].全球科技经济瞭望, 2018, 33(5):59-68

　　通过分析中国专利的申请人国别分布情况，可以了解来自不同国家的申请人在中国申请保护的专利数量，从而可以了解各国创新主体在中国的市场布局情况、保护策略及技术实力。从图19-2中可以看出，中国专利申请人国别分布中，国外在中国申请专利最多的是美国，专利申请量为382项，其次是瑞士（30项）、英国（22项）、法国（18项）、韩国（18项）、荷兰（16项）、德国（15项）、日本（15项）、加拿大（10项）、以色列（9项），可见美国比较重视和看好中国市场，申请相关专利最多。

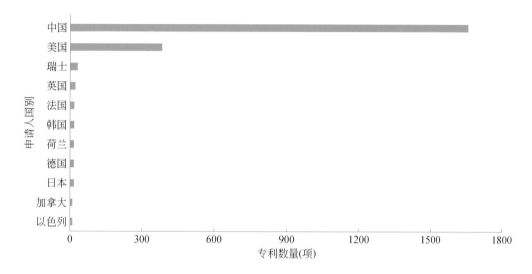

图 19-2　中国专利申请人国别情况

（三）创新能力分析

　　基因编辑技术专利申请人国别可以反映出某个国家在该领域的技术创新能力。基因组编辑技术的专利主要来源于研发实力较强的国家。从基因编辑技术主要专利来源国（表19-2）可以看出，美国在该领域全球申请专利最多，达到3000多项，说明美国在该领域创新能力最强，实力也最强。其次是中国，专利申请量为1700多项，说明中国在该领域创新能力也较强。其他国家分别为德国、韩国、英国、瑞士、法国、日本、加拿大、以色列，但与美国、中国专利申请量差距较大。

表 19-2　基因编辑技术专利主要来源国

序号	技术来源国	专利数量（项）
1	美国	3253
2	中国	1729
3	德国	161
4	韩国	136
5	英国	135
6	瑞士	132

续表

序号	技术来源国	专利数量（项）
7	法国	122
8	日本	121
9	加拿大	70
10	以色列	52

（四）重点技术竞争力分析

为了更深入地了解基因编辑技术专利的研发重点，本部分利用国际专利分类（IPC）来做技术分类统计分析，主要选取专利技术所在的IPC分类号小类进行分析。

1.技术IPC构成

表19-3展示的是分析对象在各技术方向的数量分布情况。通过该分析可以了解分析对象覆盖的技术类别，以及各技术分支的创新热度。

通过分析发现基因组编辑技术领域的专利主要分布在C12N（微生物或酶）、A61K（医用配制品）、C07K（肽）、C12Q（包含酶、核酸或微生物的测定或检验方法）、A61P（化合物或药物制剂的特定治疗活性）等小类。其中C12N（微生物或酶）方面的专利申请量最多，达到4915项，其次为A61K，申请专利达到1613项，其他分类情况如表19-3所示。综上可以看出，本领域的研究主要聚焦在动植物的基因敲除、外源基因插入、基因靶向修复、多基因敲除、大片段敲除和调控基因表达等[10]。

表19-3　基因编辑技术专利IPC分类情况

序号	IPC分类号	专利数量（项）	注释
1	C12N	4915	微生物或酶；调节基因表达的非编码核酸，如反义寡核苷酸；核酸；有关基因工程的DNA或RNAC
2	A61K	1613	医用、牙科用或梳妆用的配制品；A61K48/00含有插入到活体细胞中的遗传物质以治疗遗传病的医药配制品；基因治疗
3	C07K	838	肽
4	C12Q	761	包含酶、核酸或微生物的测定或检验方法
5	A61P	639	化合物或药物制剂的特定治疗活性
6	A01H	581	新植物或获得新植物的方法；通过组织培养技术的植物再生
7	A01K	559	畜牧业；禽类、鱼类、昆虫的管理
8	G01N	288	借助于测定材料的化学或物理性质来测试或分析材料
9	C12P	197	发酵或使用酶的方法合成目标化合物，或组合物或从外消旋混合物中分离旋光异构体
10	C12R	187	微生物

10　王友华,邹婉侬,张熠,等.基于专利文献的全球CRISPR技术研发进展分析与展望[J].生物技术通报,2018,34(12):186-194

2.技术IPC申请趋势

图19-3展示的是分析对象在不同技术方向专利申请量的分布情况和发展趋势。分析各阶段的技术分布情况，有助于了解特定时期的重要技术分布，挖掘近期的热门技术方向和未来的发展动向，有助于对行业有一个整体认识，并对研发重点和研发路线进行适应性的调整。对比各技术方向的发展趋势，有助于识别哪些技术发展更早、更快、更强。在分析基因编辑专利申请的重点领域之后，对各IPC近10年的逐年专利申请量进行了统计分析（图19-3）。研究发现，C12N增长最为明显，从2009年开始C12N申请量高于其他小类，在2013年之后该方向申请专利量增长快速；从2013年开始A61K的专利数量逐渐超越其他，位居第二。2013年后其他研究方向专利申请量都有不同程度的增长，增长最为快速的是C12N和A61K方向。

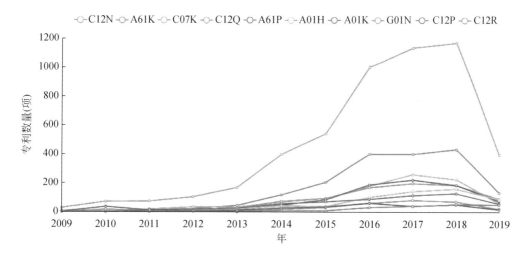

图19-3 基因编辑技术专利在各IPC领域的申请趋势

3.各个国家（组织）技术研发重点

通过分析各个国家（组织）基因编辑技术专利IPC研发重点，可以了解和判断该国的技术创新重点和技术布局，以及该国的技术优势领域。从图19-4可以看出，美国、中国、印度、韩国、日本等国家都比较注重C12N（微生物或酶）的研发。美国其他的主要研发重点技术主要包括A61K（医用配制品）、C07K（肽）、C12Q（包含酶、核酸或微生物的测定或检验方法）、A61P（化合物或药物制剂的特定治疗活性）等。中国主要的研发重点技术还包括A61K（医用配制品）、C07K（肽）、C12Q（包含酶、核酸或微生物的测定或检验方法）、A61P（化合物或药物制剂的特定治疗活性）、A01H（新植物或获得新植物的方法；通过组织培养技术的植物再生）、A01K（畜牧业）等。日本主要研发重点技术为A61K（医用配制品）和A61P（化合物或药物制剂的特定治疗活性）等。

（五）申请机构竞争力分析

对全球基因编辑技术专利申请量排名前10位机构进行统计分析，可以了解在该领域各机构的技术竞争力及活跃程度，以及该技术领域的技术集中与垄断程度。

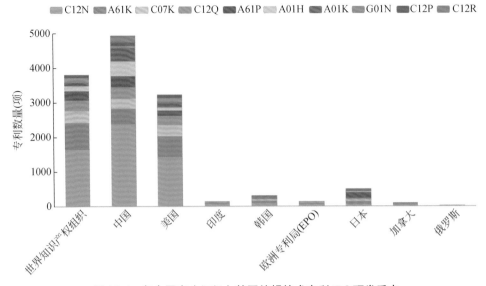

图19-4　各个国家（组织）基因编辑技术专利IPC研发重点

1. 申请机构竞争情况

按照所属申请人（专利权人）的专利数量统计的申请人排名前10位情况见表19-4。由此可以发现创新成果积累较多的专利申请人，并据此进一步分析其专利竞争实力。从申请机构类型来看，基因编辑技术重要研发力量集中在科研院所和大型企业。在全球排名前10位的机构中有9家为美国机构，1家为法国机构，中国申请机构未进入前10位。全球申请基因编辑技术专利数居前3位的机构麻省理工学院（Massachusetts Institute Of Technology）、博德研究所（The Broad Institute Inc.）和哈佛大学（Harvard University），处于世界领先地位。麻省理工学院申请专利达到313项，位于第一位；博德研究所申请专利262项，位于第二位；哈佛大学申请专利198项，位于第三位。其他申请专利较多的机构依次为加州大学（University of California）、桑加莫生物科学公司、陶氏益农公司（Dow AgroSciences LLC）、编辑医药公司（Editas Medicine Inc.，EDIT公司）等。

进一步研究发现博德研究所是美国麻省理工学院和哈佛大学联合建立的研究所，EDIT公司是麻省理工学院的下属公司[10]。所以2009～2019年全球基因编辑技术申请专利总量最多的是美国麻省理工学院、哈佛大学、博德研究所、EDIT公司联合发明的专利，总量达857项，可见基因编辑技术核心专利主要来源于上述机构。

表19-4　基因编辑技术专利优势机构排名（前10位）

排名	申请机构	专利数量（项）	国家
1	麻省理工学院	313	美国
2	博德研究所	262	美国
3	哈佛大学	198	美国
4	加州大学	152	美国
5	桑加莫生物科学公司	125	美国

续表

排名	申请机构	专利数量（项）	国家
6	陶氏益农公司	97	美国
7	EDIT公司	84	美国
8	麻省总医院	73	美国
9	Cellectis公司	70	法国
10	先锋良种国际公司	69	美国

2. 中美申请机构竞争情况

对中美在基因编辑技术领域专利申请机构进行对比分析发现，美国专利申请较强的机构基本均为全球专利申请较强的机构，包括麻省理工学院、博德研究所和哈佛大学，说明美国在该领域研发实力最强，美国其他机构与前3位机构相比数量差距较大，表明美国在该领域核心技术主要在前3位机构，研发力量较为集中。美国基因编辑技术专利申请前10位机构有5家是大学和科研院所，5家为企业，可见企业积极在基因编辑技术领域进行专利布局，其中包括生物医药企业EDIT公司，致力于基因编辑工具优化的西格玛奥德里奇有限公司（Sigma Aldrich Co. LLC）、桑加莫生物科学公司，以及农业科技企业陶氏益农公司、先锋良种国际公司（Pioneer Hi Bred International Inc.）。5家是大学和科研院所，分别为麻省理工学院、博德研究所、哈佛大学、加州大学等。专利权人间合作紧密，形成了两个主要的合作团体。第一个是以哈佛大学、麻省理工学院、博德研究所为首的合作团体，其合作者包括麻省总医院、洛克菲勒大学、EDIT公司等；第二个是以加州大学为首的合作团体，其合作者包括维也纳大学、斯坦福大学等。但基因编辑领域的产学研联动还未展开，合作主要存在于机构与机构间及少量的企业与企业间[11]。

中国基因编辑技术专利申请前10位机构均为大学和科研院所，且很少申请国际专利，排第一位的是中国科学院上海生命科学研究院和浙江大学，申请专利数量均为41项，中国科学院遗传与发育生物学研究所排第三位，申请量为40项（表19-5）。农业在我国基因编辑技术领域有较大比例，前10位专利申请机构中4家与农业相关如中国农业大学、华中农业大学、西北农林科技大学、中国农业科学院作物科学研究所。另外，麻省理工学院、博德研究所、哈佛大学等国外的研究机构与企业在中国市场也有专利布局。

从中美在该领域申请机构数量对比可以看出，中国专利申请量排名第一的中国科学院上海生命科学研究院与美国排名第一的麻省理工学院专利申请量差距较大，表明中国在该领域实力与美国相比还有一定差距。

3. 申请机构竞争趋势

对比各申请人的专利申请趋势，有助于识别各申请人创新的启动、发力、领先、衰退的时间节点，掌握各申请人的专利申请策略和创新实力的发展情况。分析各阶段的申请人专利申请数量，有助于了解特定时期申请人的研发投入和技术活跃程度，预测未来

11　范月蕾,王慧媛,王恒哲,等. 国内外CRISPR/Cas9基因编辑专利技术发展分析[J]. 生命科学,2018,30(09):1010-1018

的重要创新主体。图19-5展示的是各申请人专利申请量的发展趋势，从图中可以看出，各机构基因编辑专利申请量基本都是在2013年后出现明显增长，其中麻省理工学院、博德研究所和哈佛大学专利申请增长幅度最大，这3个机构也是全球基因编辑技术专利申请量最多的机构。

表19-5　中美基因编辑技术专利优势机构排名（前10位）

排名	美国机构	专利数量（项）	中国机构	专利数量（项）
1	麻省理工学院	313	中国科学院上海生命科学研究院	41
2	博德研究所	262	浙江大学	41
3	哈佛大学	198	中国科学院遗传与发育生物学研究所	40
4	加州大学	152	中国农业大学	38
5	桑加莫生物科学公司	125	华中农业大学	28
6	陶氏益农公司	97	上海交通大学	27
7	EDIT公司	84	中山大学	27
8	麻省总医院	73	江南大学	27
9	先锋良种国际公司	69	西北农林科技大学	26
10	西格玛奥德里奇有限公司	67	中国农业科学院作物科学研究所	23

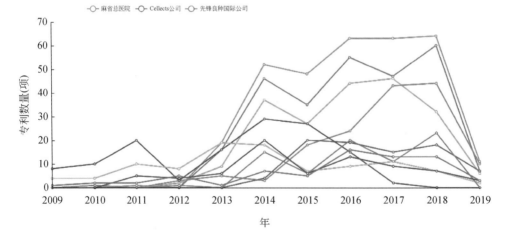

图 19-5　基因编辑技术专利主要申请机构申请趋势

4. 发明人排名

通过对专利发明人进行分析，可以确定基因编辑领域专利主要发明人，帮助进一步理清该技术或申请人的核心技术人才，可以进一步挖掘该领域的人才竞争情况。图19-6展示的是按照专利数量统计的发明人排名情况，从图中可以看出华人科学家张锋在该领域发明专利最多，遥遥领先于其他发明人。张峰为哈佛－麻省理工博德研究所（Broad Institute of MIT and Harvard）教授，创办了EDIT公司[12]，首次实现了CRISPR/Cas9基因编辑技术在哺乳动物细胞中的应用[11]，率先获得了美国专利。其他发明专利较多的科学家如图19-6所示。

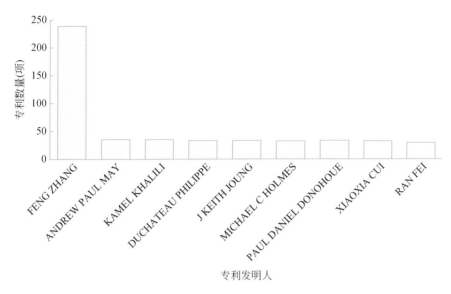

图19-6　基因编辑技术专利主要发明人情况

（六）重要专利分析

根据专利引证情况，筛选出基因编辑技术领域主要核心专利。合享价值度主要依赖于数据库自主研发的专利价值模型实现，该专利价值模型融合了专利分析行业内最常见和重要的技术指标，如技术稳定性、技术先进性、保护范围层面等20多个技术指标，并通过设定指标权重、计算顺序等参数，使得能对每项专利进行专利强度自动评价，可以为快速遴选重点专利提供参考。合享价值度分值是1～10分，分值越高代表价值度越高。

从基因编辑技术专利被引次数排名（表19-6），可以看出前5位引证最多的专利均来自美国，其中被引次数最多的专利来自麻省理工学院的张锋发明的专利"用于改变基因产物表达的CRISPR-Cas系统和方法"，被引次数为453次，远高于其他4项专利，合享价值度为10分。被引次数排名前5位的专利中2项专利来自麻省理工学院，其发明人都是张锋。

（七）研究主题分析

基因编辑技术的重点发展领域为基础科学、农业、医药和其他应用领域。对全球基因编辑技术研究热点主题进行的聚类分析中，从基因编辑专利应用领域来看，主要集中应用于肿瘤治疗、微生物基因工程、遗传修饰、免疫细胞及建立动物实验模型、病毒或

12　刘春杰，陈彦闯，王璟.第三代基因编辑系统专利状况浅析[J].中国发明与专利，2016（11）：109-114

表19-6 基因编辑技术专利被引次数排名（前5位）

公开号	专利名称	合享价值度	被引次数	申请机构	发明人	国家
US8697359B1	CRISPR-Cas systems and methods for altering expression of gene products	10	453	Massachusetts Institute of Technology	Feng Zhang	美国
US20110145940A1	TAL EFFECTOR-MEDIATED DNA MODIFICATION	10	225	National Science Foundation	F.Voytas Daniel; Bogdanove; Feng Zhang	美国
US20100076057A1	TARGET DNA INTERFERENCE WITH crRNA	10	224	Northwestern University	Erik J. Sontheimer; Luciano A. Marraffini	美国
WO2014089290A1	CRISPR-based genome modification and regulation	10	210	Sigma Aldrich Co. LLC	Fuqiang CHEN	美国
US20140179006A1	CRISPR-CAS COMPONENT SYSTEMS, METHODS AND COMPOSITIONS FOR SEQUENCE MANIPULATION	10	121	Massachusetts Institute of Technology	Feng ZHANG	美国

病毒载体、疫苗或疫苗载体几个方面，基因编辑技术的改进与器官移植领域研究较少。在农业方面主要应用于转基因植物、抗病、抗旱等抗逆性状改良和营养品质改良农作物及抗病、品质改良家畜禽等方面。

（八）中美专利对抗分析

对全球基因编辑技术专利进行分析发现，美国和中国是专利申请和研发的主要国家，因此对美国和中国的专利进行对抗分析（图19-7）。综合考虑专利数量、专利价值度、技术影响力、权力范围、运用经验值等因素，对中美专利进行综合对比分析。专利数量指的是对应数据样本中的专利数，专利价值度评估平均合享价值度，技术影响力参考引证信息，权力范围参考权利要求的数量，运用经验值根据许可、转让、质押等法律事件评估。

红方代表中国专利，蓝方代表美国专利，从图19-7中可以看出，美国基因编辑技术专利综合得分为8.59分，中国得分为2.86分。具体来看，在专利价值度方面中方得分为6.44分，美方得分为6.59分；在技术影响力方面，中方得分为1.93分，美方得分为9.21分；在权利范围方面，中方得分为1.21分，美方得分为9.27分；在运用经验值方面，中方得分为0.65分，美方得分为9.27分。可见，中国专利在技术影响力、权利范围和运用经验值方面还有较大差距，说明我国比较注重专利的申请，在专利的应用推广、成果转化方面还应进一步提高，这与我国在该领域技术研发主要以大学和科研院所为主有很大关系。

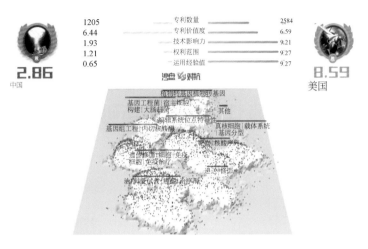

图19-7　基因编辑技术专利中美对抗

三、结语

基因编辑技术能够高效率、低成本地定点修改及编辑更多物种的基因，其未来的发展将会对学界、产业界及国家层面的竞争力产生一定的影响[13]。通过对全球基因编辑技术专利进行分析，基因编辑专利申请量呈不断上升趋势，从市场布局上来看，全球基因编辑技术在中国公开专利最多，其次是美国市场，可见中美市场竞争最为激烈；从创新能力来看，美国在该领域创新能力最强，实力也最强，其次是中国，美国、中国是基因编辑技术主要创新来源国；从研发机构来看，美国基因编辑技术顶尖机构研发实力较强，中国机构技术实力普遍较弱，全球基因编辑技术专利最多的机构是麻省理工学院、博德研究所和哈佛大学，处于世界领先地位。同时，美国研发比较注重机构之间的合作，我国在该领域缺乏合作。综上，美国在基因编辑技术领域研发实力领先全球，中国在该领域应用研究起步较晚，但发展较快，专利申请量在近几年开始反超美国，专利申请量有较大幅度提升，但在专利质量、专利的成果转化、应用推广方面有待进一步提高。

（军事科学院军事医学研究院　刘　伟　王　磊）

13　朱梦卓,赵俊杰.基于SCIE收录论文的中日基因编辑技术领域国际合作比较[J].中华医学图书情报杂志,2019,28(3): 32-41

第二十章

新发病毒性传染病疫苗研发态势

自20世纪70年代以来，全球范围内新发传染病接连出现，由于其具有传播速度快、高致病性、缺乏有效的疫苗等特点，已经并将持续给人类公共卫生安全和经济安全造成重大损失。疫苗是应对新发传染病的重要手段，发达国家高度重视烈性传染病防控工作，利用高等级生物安全实验室平台开展了许多新发传染病病原体的分离鉴定、保藏储备、致病机制等领域的研究工作，成功研制了一些重要的烈性病原体的疫苗，在传染病防控中发挥了一定的作用。本章综述了新发病毒性传染病疫苗研发态势，针对我国在控制新发病毒性传染病方面存在的不足提出了相关对策和建议。

一、新发传染病的特点

新发传染病指的是新的、刚出现的或呈现抗药性的传染病，其在人群中的发生在过去20年中不断增加或者有迹象表明在将来其发病有增加的可能性，发病率和病死率比较高，一般没有有效的疫苗和药物[1]。新发传染病不仅影响公共卫生，也严重影响经济发展，其特点如下。

（一）出现速度快

随着世界经济快速发展、全球化进程加速、人口爆炸性增长及人类活动对全球气候的影响，全球新发传染病不断出现。自20世纪70年代中期以来，其以每年新增一种或多种的速度出现，至今已出现近50种[2]，在20世纪80年代达到高峰。现代社会新传染病类型出现的速度超过了过去任何时期，治愈难度也越来越大。

（二）病毒性病原体居多，以人畜共患病为主

1972年以来，经确认的48种新发传染病中62.5%（30种）的疾病病原体是病毒，约有75%的新发传染病是人畜共患病[3]。

1　关武祥, 陈新文. 新发和烈性传染病的防控与生物安全[J]. 中国科学院院刊, 2016, 31(4): 423-431

2　Taylor LH, Latham SM, Woolhouse ME. Risk factors for human disease emergence[J]. Philosophical Transactions of the Royal Society of London. Series B, Biological Sciences, 2001, 356(1411): 983-989

3　2018 annual review of the Blueprint list of priority diseases[EB/OL]. [2019-06-13].http://www.who.int/emergencies/diseases/2018prioritization-report.pdf?ua=

（三）传播速度快，且呈现全球化态势

随着全球贸易、国际交往活动的日益频繁，人与人之间、人与动物之间的接触概率明显增加，给新发传染病病原体在全球大范围内快速传播提供了条件。

二、新发病毒性传染病疫苗的研发现状

由于没有有效的疫苗和药物储备，对公共安全和经济安全产生巨大威胁的新发传染病一旦暴发，将会造成全球性的灾难影响，对应的疫苗将是最有效且经济的预防手段。2018年，WHO公布的急需进行优先研究的传染病包括克里米亚－刚果出血热（Crimean-Congo haemorrhagic fever，CCHF）、埃博拉病毒病（Ebola virus disease，EVD）、马尔堡病毒病（Marburg virus disease，MVD）、拉沙热（Lassa fever）、中东呼吸综合征（Middle East respiratory syndrome，MERS）、严重急性呼吸综合征（severe acute respiratory syndrome，SARS）、尼帕病毒病（Nipah virus disease）、亨尼帕病毒病（Nipah and henipaviral disease）、裂谷热（Rift Valley fever，RVF）、寨卡病毒病（Zika virus disease）等[4]。

（一）克里米亚－刚果出血热疫苗

克里米亚－刚果出血热（CCHF）是由布尼亚病毒科的克里米亚－刚果出血热病毒（CCHFV）感染导致的烈性病毒性出血热，其主要的传播途径是蜱虫叮咬和皮肤伤口接触感染。由于其具有传播迅速、病死率高（平均30%）、缺乏有效控制手段的特点，因而被列入生物安全四级病原体。目前针对CCHF的基础研究比较匮乏，缺乏有效的病媒控制措施，且缺少CCHF的标准病例定义，导致感染者很可能被误诊为其他病毒性出血热[4]。疫苗是控制CCHF的有效手段，目前尚无安全有效的疫苗上市，但有2种疫苗正处于研发阶段[5]（表20-1）。

表20-1　重点CCHF疫苗品种

疫苗名称	研发公司	研发状态	用途	技术特点
Kirim-Kongo-Vax	The Scientific and Technological Research Council of Turkey	临床Ⅰ期	用来预防CCHF	灭活疫苗
Crimean-Congo hemorrhagic fever virus vaccine	Hawaii Biotech Inc.	发现阶段	用来预防CCHF	蛋白亚单位疫苗

（二）埃博拉病毒病和马尔堡病毒病疫苗

埃博拉病毒病（EVD）又称埃博拉出血热，是由埃博拉病毒感染导致的人类和其他灵长类动物高致死性出血热（病死率约为50%）。感染最初呈现非特异性流感样症状，

4　郭宇. 克里米亚－刚果出血热病毒核蛋白的结构与功能研究 [D]. 天津：南开大学，2012

5　Cortellis Platform [DB/OL]. [2019-06-13]. https://www.cortellis.com/intelligence/home.do

如发热、肌痛；随着感染的进一步发展，患者表现出严重的出血和凝血异常，包括消化道出血、皮疹和一系列血液学异常现象；埃博拉病毒感染的最后阶段通常包括弥散性出血，低血压休克是许多患者死亡的主要原因[6]。

最初，埃博拉病毒通过野生动物传播给人类，随后在人与人之间传播开来。埃博拉病毒属于丝状病毒科，按照基因型分为5种：扎伊尔型（Zaire，EBOV）、苏丹型（Sudan，SUDV）、本迪布焦型（Bundibugyo，BDBV）、雷斯顿型（Reston，RESTV）及塔伊森林型（Taï Forest，TAFV）[7]。其中，致病性最强的EBOV所致病死率高达90%[8]。临床上难以区分EVD和其他传染病，如疟疾、伤寒和脑膜炎。埃博拉病毒病患者须经实验室检查发现埃博拉病毒RNA或血液抗体才可确诊。2014年～2016年西非发生的疫情是自1976年第一次发现该病毒以来最复杂的一次暴发，由致死率最高的EBOV引起[9]。目前正在研发的埃博拉病毒病疫苗共有37种，1种已获批上市，1种等待批准上市，处于临床Ⅲ期的有3种，临床Ⅱ期的有3种，临床Ⅰ期的有7种，发现阶段的有22种[10]（表20-2）。

表20-2　可预防埃博拉病毒感染的重点疫苗

疫苗名称	研发公司	研发状态	技术特点
Ad5-EBOV	CanSino Biologics Inc.; Institute of Biotechnology, Academy of Military Medical Sciences, PLA	获批上市	重组病毒载体疫苗
ITV-1	Immunotech Laboratories Inc.	等待批准上市	治疗性疫苗
Ad26.ZEBOV+ MVA-BN Filo regimen	Janssen Vaccines & Prevention BV; NIAID	临床Ⅲ期	重组病毒载体疫苗
rVSV-EBOV	Merck & Co Inc.	临床Ⅲ期	重组病毒载体疫苗
VRC-EBOADC076-00-VP	GlaxoSmithKline plc; NIAID	临床Ⅲ期	重组病毒载体疫苗
adenoviral vector vaccine	NIAD; ReiThera Srl	临床Ⅱ期	重组病毒载体疫苗
Ebola virus vaccine	State Research Center of Virology and Biotechnology VECTOR	临床Ⅱ期	非特异性疫苗
GamEvac-Combi vaccine	Ministry of Health and Social Development of the Russian Federation	临床Ⅱ期	治疗性疫苗

6　Sullivan N, Yang ZY, Nabel GJ. Ebola virus pathogenesis: implications for vaccines and therapies[J]. Journal of Virology, 2003, 77(18): 9733-9737

7　Towner JS, Sealy TK, Khristova ML, et al. Newly discovered ebola virus associated with hemorrhagic fever outbreak in Uganda[J]. PLoS Pathogens, 2008, 4(11): e1000212

8　Pourrut X, Kumulungui B, Wittmann T, et al. The natural history of Ebola virus in Africa[J]. Microbes and Infection, 2005, 7(7-8): 1005-1014

9　黄翠，马海霞，梁慧刚，等. 全球埃博拉病毒病应对及其对我国烈性传染病防控的启示[J]. 军事医学, 2018, 42(10): 786-791

10　李拓, 刘珠果, 戴秋云. 马尔堡病毒疫苗研究进展[J]. 军事医学, 2016, 40(3): 261-264

MVD是由丝状病毒科的马尔堡病毒引起的严重病毒性出血性传染病，平均病死率是50%，过去发生的疫情中其病死率在24% ～ 88%之间波动，WHO将马尔堡病毒列为四级危害病原体。果蝠被认为是马尔堡病毒的天然宿主，果蝠叮咬和人类间的接触可以传播马尔堡病毒[11]。MVD和EVD的病原体都是丝状病毒科的成员。虽然由不同的病毒引起，但这两种疾病在临床上是相似的，它们都很少见，并且有能力引起高病死率的剧烈暴发。MVD病例主要通过ELISA、抗原捕获、血清中和试验、RT-PCR、电子显微镜和细胞培养分离病毒等方法确诊。目前，还没有一种人用马尔堡病毒病疫苗获批上市，但有10种疫苗在研发过程中，其中处于临床Ⅲ期的1种、临床Ⅰ期的1种、发现阶段的8种[5]（表20-3）。

表20-3　可预防马尔堡病毒感染的重点疫苗

疫苗名称	研发公司	研发状态	技术特点
Ad26.ZEBOV + MVA-BN Filo regimen	Janssen Vaccines & Prevention BV; NIAID	临床Ⅲ期	重组病毒载体疫苗
DNA vaccine	NIH	临床Ⅰ期	DNA疫苗

（三）拉沙热疫苗

拉沙热是由拉沙病毒引起的急性传染病。目前，其主要流行区域已从西非扩散到非洲内陆，并且在欧洲、美洲和亚洲等部分国家都出现了输入性病例的报道。虽然拉沙热的致死率不如马尔堡病毒病和埃博拉病毒病高，但其感染范围更广且致病性较高，可能成为潜在的生物战剂，因而被视为严重威胁人类的疾病[11]。核苷酸类似物利巴韦林被认为是治疗拉沙热的有效抗病毒药物，但其抗病毒机制尚存在一定争议。有研究指出，利巴韦林仅在疾病早期使用时效果明显[12]。当前尚无获批的拉沙热疫苗，但是目前有8种正在研发的疫苗，均处在发现阶段[5]（表20-4）。

表20-4　可预防拉沙病毒感染的重点疫苗

疫苗名称	研发公司	研发状态	技术特点
Lassa fever and MERS vaccines	Themis Bioscience GmbH	发现阶段	预防性疫苗
multi-component Vesiculo-Vax-vectored vaccine	Profectus BioSciences Inc.	发现阶段	重组病毒载体疫苗
rVSVΔG-LASV-GPC vaccine	Coalition for Epidemic Preparedness Innovations; International AIDS Vaccine Initiative	发现阶段	重组病毒载体疫苗

11　闫飞虎, 王化磊, 冯娜, 等. 拉沙热疫苗研究进展[J]. 传染病信息, 2015, 28(2): 122-124

12　邵楠, 曹玉玺, 王环宇. 拉沙热研究进展[J]. 微生物与感染, 2016, 11(6): 329-337

续表

疫苗名称	研发公司	研发状态	技术特点
rVSV vector vaccine	Profectus BioSciences Inc.	发现阶段	重组病毒载体疫苗
Lassa fever vaccine	Etubics Corp.	发现阶段	重组病毒载体疫苗
INO-4700	Inovio Pharmaceuticals Inc.; US Army Medical Research Institute of Infectious Diseases	发现阶段	DNA 疫苗
GEO-LM01	GeoVax Labs Inc.	发现阶段	病毒样颗粒疫苗
tetravalent vaccine	GeoVax Labs Inc.	发现阶段	重组病毒载体疫苗

（四）中东呼吸综合征和严重急性呼吸综合征疫苗

中东呼吸综合征（MERS）是一种由 MERS 冠状病毒（Middle East respiratory syndrome coronavirus，MERS-CoV）引起的病毒性呼吸道疾病，病死率高达36%。该病毒于2012年首次在沙特阿拉伯得到确认。自2012年以来，有27个国家报告了 MERS-CoV 感染病例，其中沙特阿拉伯报告了大约80%的人类病例，在中东以外地区发生的疫情较为罕见，通常是输入性病例。

冠状病毒为一类大型家族病毒，可引起从感冒到严重急性呼吸综合征等一系列疾病。MERS-CoV 是一种在动物与人类之间传播的人畜共患病病毒。研究表明，人类通过与受感染的单峰驼骆直接或间接接触而受到感染。多数病例发生在医疗环境中，但迄今为止在世界任何地方均无持续性人际传播情况记录在案。除非存在密切接触，否则 MERS-CoV 不易在人际传播。MERS-CoV 的起源尚不清楚，但根据对不同病毒基因组所做的分析，人们认为它可能源自蝙蝠，并在很久之前传到了骆驼，单峰骆驼是 MERS-CoV 的一大宿主。然而，单峰骆驼在 MERS-CoV 传播中的具体作用及具体传播途径尚不明确 [13]。目前，市面上还没有安全有效的 MERS-CoV 疫苗，但是有8种疫苗正处在研发阶段，其中处于临床Ⅱ期的1种、临床Ⅰ期的2种、发现阶段的5种 [5]（表20-5）。

表20-5 可预防 MERS-CoV 病毒感染的重点疫苗

疫苗名称	研发公司	研发状态	技术特点
INO-4500	GeneOne Life Science Inc.; Inovio Pharmaceuticals Inc.	临床Ⅱ期	DNA 疫苗
MERS-Cov vaccine	Vaccitech Ltd.	临床Ⅰ期	重组病毒载体疫苗
SAB-301	SAB Biotherapeutics Inc.	临床Ⅰ期	亚单位疫苗

SARS 俗称传染性非典型肺炎，是由 SARS 冠状病毒（SARS-CoV）引起的动物源性

---

13 Middle East respiratory syndrome coronavirus (MERS-CoV) [EB/OL]. [2019-06-13]. http://www.who.int/emergencies/mers-cov/en

病毒性呼吸道疾病（病死率9.6%）。自2002年，有37个国家报告了SARS病例，其中大部分在中国，当时造成了世界范围内，特别是亚洲地区的恐慌和巨大的经济损失。中国科学家后来的研究结果证实中华菊头蝠是SARS的传播源头。为防止疫情再次发生，必须研发有效的SARS-CoV疫苗。目前市面上还没有商业化的SARS-CoV疫苗，但是有8种疫苗正处在研发阶段，其中处于发现阶段的有7种，1种处于暂停状态[5]（表20-6）。

表20-6　可预防SARS-CoV感染的重点疫苗

疫苗名称	研发公司	研发状态	技术特点
SARS vaccine	Protein Potential LLC	发现阶段	非特异性疫苗
SARS vaccine	AlphaVax Inc.	发现阶段	重组病毒载体疫苗
D-3252	Protein Sciences Corp.	发现阶段	蛋白亚单位疫苗
SARS vaccine	Genecure LLC	发现阶段	重组病毒载体疫苗
RBD-S SARS vaccine	Baylor College of Medicine; Brighton Biotech Inc.; Immune Design Corp.; Sabin Vaccine Institute; Walter Reed Army Institute of Research	发现阶段	蛋白亚单位疫苗
universal influenza vaccine	保密	发现阶段	非特异性疫苗
enveloped virus vaccine	保密	发现阶段	非特异性疫苗

（五）尼帕病毒病和亨尼帕病毒病疫苗

尼帕病毒病（NVD）是1997年在马来西亚首次发现的一种严重危害家畜、家禽和人类的新病毒性人畜共患病，至今已经历了数次大的流行，造成了严重的经济损失和人员伤亡。NVD的病原体是副黏病毒科亨尼帕病毒属的尼帕病毒（Nipah virus，NiV），其天然宿主主要是果蝠。NiV感染人后的病死率极高（估计为40% ～ 75%），生物危害性极大，被列为生物安全四级病原体，并且现在还没有有效的疫苗和治疗措施。目前处于研究阶段的NiV疫苗包括DNA疫苗、灭活苗、重组蛋白苗、病毒载体苗及病毒样粒子等[5]（表20-7）。

亨尼帕病毒具有基因组长、宿主范围广等特点。除了NiV，亨尼帕病毒还包括亨德拉病毒（Hendra virus，HeV）、雪松病毒（Cedar virus，CedPV）、Mojiang henipavirus（Mòjiāng virus，MojV）和Ghanaian bat henipavirus（Kumasi virus，KV）[14]，其中研究相对较多的是致病性高的HeV。

HeV是一种新的人畜共患病病毒，可引起马、人类和其他哺乳动物严重的呼吸道疾病。HeV于1994年在澳大利亚首次被发现，动物和人类感染该病毒后病死率很高（30% ～ 60%），常引起局部暴发病例或疫情，病毒宿主范围较广，世界动物卫生组织

14　Amarasinghe GK, Bào Y, Basler CF, et al. Taxonomy of the order Mononegavirales: update 2017[J]. Archives of Virology, 2017, 162(8): 2493-2504

（OIE）将其列为生物安全四级病原体[15]。对HeV感染尚缺乏有效的疫苗和治疗方法，目前有1种正在研发的疫苗处于发现阶段[5]（表20-7）。

表20-7　可预防尼帕病毒和亨尼帕病毒感染的重点疫苗

疫苗名称	研发公司	研发状态	技术特点
HeV-sG vaccine	Profectus BioSciences Inc.	发现阶段	亚单位疫苗

（六）裂谷热疫苗

裂谷热是由布尼亚病毒科的裂谷热病毒（Rift Valley fever virus, RVFV）引起的急性人畜共患病，人类患病的病死率约为1%，牲畜的病死率则偏高。RVFV主要感染动物，人类接触感染动物的血液、器官，或被感染蚊子叮咬，都有可能患裂谷热。裂谷热在非洲和阿拉伯半岛已经造成了严重的公共卫生安全和经济问题，WHO将其列为A类法定报告动物疫病。目前，尚没有获批上市的人用RVFV疫苗，有2种候选疫苗正在研发过程中[5]（表20-8）。

表20-8　可预防RVFV病毒感染的重点疫苗

疫苗名称	研发公司	研发状态	技术特点
formalin-inactivated virus vaccine	US Army Medical Research Institute of Infectious Diseases	临床Ⅱ期	灭活疫苗
rMP-12-C13 type vaccine	University of Texas System	发现阶段	减毒活疫苗

（七）寨卡病毒病疫苗

寨卡病毒病是由黄病毒科的寨卡病毒感染导致的传染病，大多数人在感染后没有任何症状，少数人产生轻微症状，极少部分人需要医疗救助，再加上分布区域有限，所以2007年寨卡疫情的大暴发并没有引起太多的关注。2015年，巴西暴发寨卡疫情以后，迅速蔓延到南美、中北美，随后进一步扩散到全球80多个国家和地区，我国也从2016年2月份开始报道有数十例输入寨卡病例。研究发现寨卡病毒会引起吉兰－巴雷综合征，且与新生儿小头症密切相关，此后寨卡病毒引起了越来越多的关注，WHO在2016年2月1日宣布寨卡疫情为全球紧急公共卫生事件，故早日研制出安全有效的寨卡病毒病疫苗的重要性不言而喻[16]。迄今为止，全球有近30个研究机构在进行寨卡病毒病疫苗的研发工作，市面上还没有一个获批的寨卡病毒病疫苗，但是有44种疫苗正处在研发阶段，其中处于临床Ⅱ期的有2种，临床Ⅰ期的有6种，发现阶段的有36种[5]（表20-9）。值得注意的是这些机构很多都有黄病毒属病毒病疫苗研发的基础或有较为成熟的疫苗研

15　陈琦，夏炉明，刘佩红. 亨德拉病毒研究进展[J]. 动物医学进展，2012, 33(8): 90-92

16　程瑾，叶玲玲，郝继英，等. 寨卡病毒病及疫情发展态势研究[J]. 军事医学，2016, 40(2): 81-83

发平台，所以能力储备是研发新发传染病疫苗的关键[17]。

表20-9 可预防寨卡病毒病的重点疫苗

疫苗名称	研发公司	研发状态	技术特点
mRNA-1325	ModeRNA Therapeutics	临床Ⅱ期	RNA疫苗
VRC-ZKADNA090-00-VP	NIAID; NIH	临床Ⅱ期	DNA疫苗
Zika virus vaccine	Beth Israel Deaconess Medical Center; NIAID; The Ragon Institute; University of Sao Paulo;	临床Ⅰ期	灭活疫苗
GLS-5700	GeneOne Life Science Inc.; Inovio Pharmaceuticals Inc.	临床Ⅰ期	DNA疫苗
Zika virus vaccine	Sanofi	临床Ⅰ期	非特异性疫苗
TAK-426	Takeda Vaccines Inc.	临床Ⅰ期	灭活疫苗
MV-ZIKA	Commissariat a l`Energie Atomique; European Vaccine Initiative; Institut Pasteur; Themis Bioscience GmbH	临床Ⅰ期	减毒活疫苗
VLA-1601	Emergent BioSolutions Inc.; Valneva SE	临床Ⅰ期	灭活疫苗

（八）新型冠状病毒肺炎疫苗

2020年2月11日，WHO宣布了最初于中国武汉发现的2019年新型冠状病毒肺炎官方名称。该疾病的英文名称为COVID-19。COVID-19是由一种名为SARS-CoV-2的冠状病毒引起的。SARS-CoV-2是一种新型冠状病毒，类似于MERS-CoV和SARS-CoV。WHO在日内瓦时间2020年1月30日宣布，新型冠状病毒肺炎疫情成为全球紧急公共卫生事件。截至中欧夏令时间2020年5月22日10时，WHO统计数据显示，全球有499万人感染，32.7万人死亡[18]。

根据WHO网站2020年5月22日公布的由其编制的全球COVID-19候选疫苗列表显示，目前全球有10种候选疫苗进入临床评估阶段，而处于临床前评估阶段的候选疫苗有110多种[19]。

在10种进入临床试验阶段的疫苗中，来自中国研发单位的疫苗占一半，包括4种灭活疫苗和1种腺病毒载体疫苗。这4种灭活疫苗有3种是Ⅰ期和Ⅱ期临床试验合并的，康希诺生物公司和军事科学院军事医学研究院联合开发的腺病毒载体疫苗已于2020年4月18日进入Ⅱ期临床试验[19]。

17　田德桥, 陈薇. 寨卡病毒及其疫苗研究[J]. 生物工程学报, 2017, 33(1): 1-15

18　Coronavirus disease（COVID-19）Situation Report-123[EB/OL]. [2020-05-23]. https://www.who.int/docs/default-source/coronaviruse/situation-reports/20200522-covid-19-sitrep-123.pdf?sfvrsn=5ad1bc3_4

19　Draft landscape of COVID-19 candidate vaccines[EB/OL]. [2020-05-23]. https://www.who.int/who-documents-detail/draft-landscape-of-covid-19-candidate-vaccines

　　另外，进入临床试验阶段的疫苗还包括2种RNA疫苗（美国Moderna制药公司/美国国立过敏与传染病研究所联合开发及德国BioNTech公司/上海复星医药集团/辉瑞联合开发）、1种DNA疫苗（美国Inovio制药公司）、1种腺病毒载体疫苗（英国牛津大学/阿斯利康制药公司/印度血清研究所）及1种蛋白亚单位疫苗，即由美国诺瓦瓦克斯医药研发的重组全长SARS-CoV-2糖蛋白纳米颗粒疫苗。

　　处于临床前阶段的候选疫苗中，DNA疫苗有9种，RNA疫苗有15种，灭活疫苗只有5种，减毒疫苗有3种，非复制型病毒载体疫苗有13种（其中基于腺病毒载体的疫苗有6种），而蛋白亚单位疫苗多达43种，复制型病毒载体疫苗有15种，病毒样颗粒疫苗有7种，未知类型的有3种[19]。

　　WHO指出，这些候选疫苗列表由其编制，仅供参考，所有候选疫苗相关文件不构成并且不应被视为或解释为WHO对候选疫苗的任何批准或认可[19]。

　　从以上疫苗数据分析可以看出：就疫苗研发数量而言，新型冠状病毒肺炎疫苗最多；从研发的疫苗类型来看，针对大多数病毒的传统减毒和灭活疫苗占比较少；埃博拉病毒病疫苗中重组病毒载体疫苗数量最多，寨卡病毒病疫苗中则是核酸疫苗和非特异性疫苗占优势，新型冠状病毒肺炎疫苗中以亚单位疫苗居多（表20-10）；从研发机构来看，疫苗研发主体以美国的大学、研究所和公司为主。我国不论是在研发疫苗的种类方面还是研发机构数量方面都相对比较落后（表20-11）。

表20-10　主要新发病毒性传染病疫苗研发数量[5]

疫苗类型	各疫苗研发数量									
	克里米亚－刚果出血热疫苗	埃博拉病疫苗	马尔堡病毒疫苗	拉沙热疫苗	MERS疫苗	SARS疫苗	尼帕病毒病和亨尼帕病毒病疫苗	裂谷热疫苗	寨卡病毒病疫苗	新型冠状病毒肺炎疫苗
减毒和灭活疫苗	1	2		1	1			2	7	8
核酸疫苗		4	1	1	1				10	24
重组病毒载体疫苗		15	5	5	2	2			4	28
亚单位疫苗	1	6			2	2	1		4	43
病毒样颗粒疫苗		3	2	1					3	7
合成疫苗									1	
纳米疫苗		1							1	
非特异性疫苗		3	1			3			10	
预防性疫苗		1	1	1	2				3	
治疗性疫苗		3							1	
其他										3
疫苗总数	2	38	10	8	8	8	1	2	44	113

表20-11　主要新发病毒性传染病疫苗研发机构的国家分布情况[5]

机构国别	病毒名称									
	克里米亚-刚果出血热疫苗	埃博拉病毒病疫苗	马尔堡病毒病疫苗	拉沙热疫苗	MERS疫苗	SARS疫苗	尼帕病毒病和亨尼帕病毒病疫苗	裂谷热疫苗	寨卡病毒病疫苗	新型冠状病毒肺炎疫苗
美国	1	22	9	6	7	10	1		36	4
英国		2		1					5	1
中国		3				1			2	6
加拿大		3							2	
俄罗斯		3								
法国									3	
印度		2							1	1
韩国		1			1				2	
德国									2	1
荷兰		1	1							
日本		1								
瑞士		1								
意大利		1								
土耳其	1									
挪威				1						
奥地利				1	1				1	
巴西									1	
比利时									1	
阿根廷									1	

注：新型冠状病毒疫苗只统计了进入临床试验的疫苗。

三、我国疫苗研发的现状

自中华人民共和国成立以来，科研人员不断努力，我国疫苗科技创新能力和技术水平不断提高，疫苗品种和数量显著增加，研制和批准了54个疫苗品种[20]；产品质量提升，疫苗产业得到了前所未有的发展壮大，先后成功研制了天花减毒活疫苗、肾综合征出血热疫苗、甲型肝炎减毒活疫苗和灭活疫苗、EV71灭活疫苗，在国际上率先研制成

20　于振行，罗红蓉，范红，等. 建国70年来我国疫苗技术与行业发展回顾与展望[J]. 中国医药，2019，14(7)：961-965

功了重组戊型肝炎疫苗等产品，根据中国食品药品检定研究院批签发数据显示，2019年上半年签发的疫苗共45种，批签发总量为22 917.98万支/瓶/粒；病原体、细胞或工程菌规模化培养技术，疫苗抗原制备、提取与纯化技术及后加工技术也取得了长足的进步；充分体现了疫苗在提高我国民众健康水平方面的重要作用和价值[21]。

四、我国在控制新发传染病方面存在的不足

从现存的新发传染病数据中不难发现新发传染病不仅给人类健康带来了严重威胁，还对社会经济发展造成了巨大影响。而人口密度的急剧增加、国际贸易和旅行的频繁及农业活动模式的改变等导致新疾病大量涌现的因素不会改善[22]，未来新发传染病的出现将始终是悬在全球公共卫生安全和经济安全头上的"达摩克利斯之剑"。

我国在防控埃博拉病毒病、SARS、MERS、寨卡病毒病等新发传染病方面（包括病毒的遗传信息、感染机制、疫苗及抗体等方面）虽已取得了一些成绩，但与发达国家相比，仍存在不足，主要表现为高致病性病毒资源储备、检测技术、监测与预警能力建设、疫苗的研发、药物筛选等方面的不足。

（1）烈性传染病的研究及其病原体的分离筛选、引进和保藏均离不开高等级生物安全实验室，而我国的实验室建设尤其是P4实验室建设仍需加紧步伐。我国国家发展和改革委员会于2016年发布了《高级别生物安全实验室体系建设规划（2016—2025）》，拟至2025年形成5～7个四级实验室建设布局，并实现每个省份至少设有一家三级实验室的目标[23]。目前我国已于2018年在武汉运行了全国首个P4实验室[24]，距离规划目标的实现尚有一段路要走。

（2）病原体是展开相关研究的基石，而我国缺乏烈性传染病病原体，并且在新发传染病方面的研究及知识储备不足。急需持续健全相关病原体库，强化病原分子与免疫系统的作用机制研究、疫苗免疫及调节的作用机制等研究。

（3）我国对新技术的开发和应用存在不足。随着分子生物学、分子免疫学等研究取得进展与基因工程技术的应用，新的高新技术疫苗逐渐应用到疫苗生产中，发展高新技术疫苗已成为研究的前沿领域。放眼全球，生物合成、基因编辑、基因测序等新兴技术突飞猛进，我国在此方面虽然也有不少研究，但与发达国家存在差距，且研究成果应用于疫苗研发的进程也较为缓慢。

（4）要应对新发传染病，从研究到监测到治疗再到恢复等全过程均需要专业人员的努力。我国在相关人才的培养和投入上稍显不足，尤其从地方上来看，具备专业水平的从业者较为稀缺。

21　破除疫苗"信息孤岛"，追溯体系建设时间表明确[EB/OL]. [2019-12-13]. https://www.yicai.com/news/100435169.html?from=groupmessage

22　Jones KE, Patel NG, Levy MA et al. Global trends in emerging infectious diseases[J]. Nature, 2008, 451(7181): 990-993

23　高级别生物安全实验室体系建设规划（2016—2025年）[EB/OL]. [2019-07-09]. http://www.ndrc.gov.cn/xxgk/zcfb/tz/201612/W020190905516151187766.pdf

24　我国首个P4实验室正式运行[EB/OL]. [2018-01-08]. http://www.cas.cn/cm/201801/t20180108_4629119.shtml

（5）疫苗研发方面的国际合作存在不足。新疫苗的开发是漫长、复杂的过程，从研发到临床应用通常需要10年甚至更长的时间。需要大力开展传染病疫苗领域的国际科技合作，创新合作方式，拓展国际合作渠道，以突破传染病疫苗研发及产业化发展的关键和共性技术瓶颈，寻求各种可能加速疫苗研发，加快开发出全球尚未攻克的高致病性传染病疫苗。

五、建议

针对以上我国在控制新发传染病方面存在的问题，以下提出几点建议。

（一）完善实验室平台建设

高等级生物安全实验室是国家科技创新体系的重要组成部分，是开展科学前沿研究、解决经济社会发展和国家安全重大科技问题的大型复杂科学研究系统[25]。我国应加快落实高级别生物安全实验室建设规划，实现2016～2025年规划的目标，并从实际出发制定新的实验室发展规划及实验室安全指导性文件。除了开展高致病性病原体研究外，还应该借鉴发达国家P4实验室从最初的病原体检测向产业开发、教育培训等一系列多元化功能发展的经验[26]。

（二）加强病原体传播、变异规律和致病机制基础研究

加强病原学和免疫学应用基础技术研究，加快疫苗相关实验室生物安全能力建设。整合利用现有科技资源，充分发挥技术平台支撑作用，开展重要的病毒病原的分子进化和分子流行病学规律、致病、跨物种传播的分子机制，病毒感染与宿主免疫系统的相互关系研究。另外，需加强免疫低应答或无应答的过程和作用机制、多价多联疫苗中的载体抑制效应的研究。

（三）加强技术创新体系建设

目前疫苗研究已逐步进入到免疫原精准设计阶段，因此当前疫苗研究需要运用交叉学科技术进行靶标/靶点的预测和再设计，实现各种尚未攻克的传染病、新发突发传染病的新抗原的精准预测。同时，重点突破疫苗分子设计、多联多价设计、工程细胞构建、抗体工程优化、新释药系统及新制剂规模化分离制备、效果评价等关键技术和瓶颈技术，助力纳米疫苗和合成疫苗等创新型疫苗的发展。

（四）加强人才培养和国际合作

国家层面应加大教育支持力度，鼓励高校和研究所教育和培养高水平人才；此外，可建立激励机制鼓励医药等相关企业培养出具备专业水平的从业者，通过多方位的努力填补我国在研发新疫苗及应对新发传染病方面人才的欠缺。在健全病原体库方面加强国际合作，借鉴国外病原体库建设和管理方面的经验，同时引进国外烈性传染病病原体展

25　由继红. 实验室生物安全问题的研究 [J]. 实验技术与管理, 2011, 28(10): 169-171
26　梁慧刚, 黄翠, 马海霞, 等. 高等级生物安全实验室与生物安全 [J]. 中国科学院院刊, 2016, 31(4): 452-456

开研究，促进相关疫苗的开发。加大国家科技计划开放力度，支持海外专家牵头或参与国家科技计划项目，吸引国际高端人才来华开展联合研究，在交流合作中共同推动疫苗研发新技术的发展和应用。

（中国科学院武汉文献情报中心　梁慧刚）

（中国科学院科技战略咨询研究院生物安全战略研究中心　黄　翠）

（华中科技大学新闻学院　向小薇）

（中国科学院武汉植物园　张永丽）

（中国科学院广州生物医药与健康研究院　陈新文）